# 三農問題の社会構造

金 湛
JIN Zhan

## 中国中南部農村の開発と制度

日本評論社

# はしがき

本書は、2008年から河南省、湖北省、湖南省等の中国中部・中南部で行った農村調査を出発点としている。共同研究者の協力を得て、筆者は条件不利で貧困問題が顕著な地域を飛び回った。当初、市場原理を篤く信じる筆者は、改革開放政策導入後の経済成長は市場経済への回帰によるものと考え、開発経済学及び農業経済学の理論的枠組みに沿って、農業生産の大規模化や農村地域の工業化・都市化を強く支持した。

しかし、農村の現場は、経済学理論とは異なっていることを教えてくれた。農民は、協力して土地整備や道路整備、用水路整備を行うことで生産性の向上が図れることを熟知しているにもかかわらず、実行しない。その理由を尋ねると、「面倒」と「大変」という回答がほとんどであった。しかし、農民が貧困である理由は決して怠惰ということではない。知らない土地に身を置きながら、大きなリスクを背負う出稼ぎ労働者や起業する人が農民の多数派を占めていることがその証拠である。農民の「非協力的な」行動は自らの利益に基づく主観的な合理性を持つ。

### 無視できない文化的規範

中国農村の様々な貧困問題には、小農的な生産様式や緑の革命、及び食料貿易の拡大と市場化等の経済面の要因による影響がある。しかし、これらが問題を引き起こす要因のすべてではない。土地利用に関連するフォーマルな制度と農村社会の関係といったインフォーマルな制度が、農民のインセンティブに決定的な影響を与えている。経済発展は生産関数で示されるほど単純なものではない。経済主体である人間には感情があり、社会には行動規範が存在する。中国の農村開発を考える際、社会的・文化的規範による影響は極めて重要なファクターとして考慮すべきである。つまり、生産活動は労働と資本の比率だけで決まるのではなく、その社会の行動原理に支配される個人がそれぞれの合理性に基づいて行うものでもある。本文の中で言及したように、経済発展はフォーマルな政策・制度だけに規定されるのではない。社会制度や経済政策が地域を持続可能な発展の方向へ導くか否かは、インフォーマルな制度との適合性に規定される。従って、政策を策定する際、その社会の特殊性を考慮しなければならない。

中世ヨーロッパの封建制度は契約に基づく地域の自立であり、18世紀半ばから始まる産業革命に伴う農村共同体の崩壊と都市の社会関係の形成、及びその後のフランス革命がもたらす封建制の廃止と身分制の撤廃によって、個人の自由と平等に基づく社会が形成された。社会関係の基本は、契約に対する遵守と信頼である。それに対して、周王朝から始まった中国の封建制度は、諸侯の勢力拡大によって弱まり、それに取って代わったのは秦王朝の中央集権制である。周王朝の諸侯であった秦の台頭は商鞅の「法家思想」の導入から始まり、その思想は後世の王朝統治にも継承された。詳しい展開は今後の研究に委ねるが、トップダウン型の権力行使のなかの功利主義と厳格な統治を主張する法家思想は、中国人の相互不信と非協力の社会性格を作り上げ、現代中国の行動原理にも影響を及ぼしていると考えられる。このような文化的規範と社会環境が、フォーマルな政策・制度の導入と実施に影響を与える。

宋代以降、法的に見れば、佃戸を含む農民は自由民である。しかし、農民は自由移動が制限され、土地に縛られた隷属的な佃戸が一般的であった。大規模な土地所有のなかでの小規模経営は専制支配の基本構造となり、中国社会における階級関係の本質について、鳥居一康（1983）は『中国史像の再構成：国家と農民』（中国史研究会編、文理閣）の序論において、それを「国家的農奴制」と称した。農業生産を円滑に行うため、農業インフラ等を整備するように農民を組織したのは「郷紳」と呼ばれる地主であり、そのインセンティブのもととなるのは、大規模な土地所有による収益であった。

1920年代後半に中国共産党が支配地域で行った施策を原点とする土地改革は、1953年まで中国各地で展開され、短期間の内に土地私有制を導入した。その直後、中央政府は「農業生産互助組」を基礎とする農業生産合作社による組織化を推進した。また、人口管理に関しては、1951年の「都市戸籍管理暫定条例」、1953年の「口糧制度」を経て、計画経済と配給制度の運営に応じ、都市と農村を区別して、農村から都市への人口移動を制限、管理する戸籍制度を実施した。さらに、1958年の人民公社の設立によって、土地・役畜・農具を集団所有とし、農家を単位とする農業経営を大規模な公的経営と農民の賃労働に転換した。これにより、画一的な経営管理や食料の買い付けと生産高に比例しない分配が行われた。農業集団化が進んだソビエト連邦と異なり、中国は「社会主義的大規模農業経営」に移行できず、農村部は小農生産を克服していなかった。この生産と分配の関係により、農民の生産意欲の向上が図れなかった。かつての郷紳と異なって、大規模な土地を所有しない生産隊の幹部は、農民を徹底的に監視管理する動機はなかった。その結果、人民公社制度の目的が実現できず、むしろ農民の極貧を招いた。

中国農民の「土地に縛られた佃戸」のような処遇からの脱却は、改革開放政策実施以降の請負制の導入と戸籍管理の緩和によって始まった。ここで強調しておきたいのは、中国の農民に対する移動の自由を緩和する措置は工業化の要請であり、住民管理政策に対する抜本的な改革が行われたわけではないということである。農民の土地への縛りつけは、法的に解消されたわけではない。今後、都市部の非農業産業の未熟練労働力に対する需要や農業経済の状況次第で、居住・移転の自由が法的に保障されていない農民が再び農村に戻され、土地に縛り付けられる可能性は依然として大きい。収入の少ない農業を従事する環境では、農民の生産意欲が高まらない。所有権のない土地で共に働く人のフリーライドを監視する動機もない。貧困と食料不足に再び陥るリスクは決して消えたわけではない。中国農村の貧困と食料安全保障の問題を同時に解決するには、まず農民の生産意欲を高めなければならない。つまり、生産物の処分権と農業収益の保証を前提とする経営システムの構築が必要不可欠である。

## 対立する都市経済と農村経済

三農問題の中心である貧困問題には、救済と開発の２つの側面が含まれている。しかし、これまで多くの研究は、２つの側面を混同して論じている。救済の対象は労働能力を有しない者であり、用いられる手段は主に生産物や所得の再分配である。この問題を扱う主な研究領域は、社会福祉学と政治経済学である。貧困者を救済する行為は経済開発につながらない。それに対して、開発は労働力を含めた資源の有効活用であり、研究領域は開発経済学や開発社会学である。開発は経済的豊かさと社会の進歩をもたらすが、必ずしも再分配や救済の意味を持たない。従って、救済と開発を区別して考慮しなければならず、特に社会福祉が充実していない中国の農村地域では両者を同時進行させる必要がある。

また、農村開発に関連して政策立案の際は、都市と農村を平等に扱う必要がある。中国の都市経済は農村、農民の搾取を前提に成り立っている。本書の序論及び第1章で説明した通り、1990年代後半以降の中国は、開放経済モデル（ルイスモデルⅢ）に沿って展開されている。農業は成長率の低い産業であるため、高度な経済成長を目指す中国政府は長い間投資を工業部門に集中してきた。小農経済への依存、農業の低生産性、農村労働力の流出によって、中国は世界の工場になると同時に食料安全保障問題が顕在化した。それを受けて、中国政府は農業経営システムを抜本的に改善するのではなく、海外から安価な食料を輸入することにした。そのメリットは、工業部門の生産コストを抑え、工業製品の国際競争力を高い水準に維持することにあった。結果的に、小規模農家は貧困を強いられ、低賃金・低保障の未熟練労働力を提供するという農村の役割が確立した。

都市・農村二元化管理の下での市場化の推進は、自由な移動と職業選択を制限しながら、保護されていない農民を労働市場に晒すことである。都市経済は農村の良質な資本と労働力を吸い上げ、高齢者をはじめとする弱者を十分保障しないまま農村に滞留させた。そして、農村の弱者による小農経営に対する高い依存は、中国農業の近代化と中国経済のルイス転換点の通過を遅らせ、三農問題の長期化をもたらしている。現行の戸籍制度を変えない限り、中国における都市と農村の関係は、資源・労働力・工業製品・金融サービス等の取引を行う先進国と途上国との関係と同じである。農村労働力を使い捨てる経済構造が存在する限り、三農問題の解決は難しい。

## 本書の方法論について

調査した個別事例はどのようにして中国中南部の農業型農村を代表するのか。また、時代性や地域性、社会の発展性に左右されるなかで、中国の農村や農民を一体として論じる妥当性はどこにあるのか。本書の執筆中、以上のような普遍性に関する指摘を受け続けてきた。普遍性とは異なる事例に存在する共通的な「変わらない性質」である。大きく分けて２種類の普遍性が考えられる。１つ目は特徴と傾向の普遍性であり、すなわち異なる事例が持つ共通的な性質と行動パターンである。計量分析は具体的な現象を反映する指標を用いて、ランダムに選んだ事例から共通性を特定できる。さらに、その有意性によって普遍性の有無を判断する。２つ目は関係の普遍性であり、すなわち異なる事例に存在する共通的な因果関係である。それを特定するには、具体的な現象を抽象化・概念化して、概念と概念の因果関係を検討しなければならない。この場合はまず研究対象の根本的な性質を特定しなければならないため、定性分析が求められる。本書は概念と概念の関係性から因果的に結論を導くことに重点を置いているため、特に後半部分では定性分析を用いる。

ある種の地域特性を捉えた際、筆者はそれを分割できない１つの条件ではなく、複数の構成要素、つまり下位概念によって構築されるシステムとみて検討する。システムであれば、個々の構成要素が相互作用しながら外部要因による影響を受け、様々な現象を作り出す。無論、表面的に類似していても、本質的に異なっている物事もあり、その反対もある。これまで「構造」や「社会構造」という用語は、複数の領域で様々な意味合いで使用されてきた。狭義では、社会や組織という「全体」に対する人や集団という「部分」、すなわち主体の配列を指す。広義では、構成単位となる「部分」以外にも、伝統・倫理・秩序・行動パターン等も含まれ、社会全体と同義で使われることもある。本書では、文化的規範を含む広義の制度に規制され、関係を持つ人々の配列（arrangement of persons）を社会構造と定義する。社会の構成単位となる個人や集団、及びこれらの構成単位の社会的地位に基づく相互関係を社会構造の構成要素として考える。社会現象を構造的に捉えることで、地域研究を行う際に、特殊と思われる事例を普遍化して仮説を立て既存の理論を補完するいわゆる構造的発展と、これまでの研究範囲を広げ、当面の問題から次の問題の発見につながるいわゆる発見的発展を目指すことができる。

**謝辞**

本書の執筆にあたって、長期にわたり一橋大学の児玉谷史朗名誉教授、一橋大学大学院社会学研究科の上田元教授、佐藤仁史教授に貴重なお時間を割いていただき、開発経済学・社会学・歴史学の専門分野だけでなく、記述や表現等、多方面においてご指導いただいた。本書の成果は先生方のご指導の賜物といっても過言ではない。また、中国農業経済と農村社会に関して、愛知大学の高橋五郎名誉教授や桃山学院大学の大島一二教授をはじめとする愛知大学国際中国学研究センター（ICCS）日中農業問題研究会のメンバーとの学術交流のなかで大いに学ばせていただいた。本書の出版にあたって、日本評論社の小川敏明氏のご協力をいただいた。カバーは、許梅郡画伯が本書のために創作した水墨画「望」である。上記の方々に深く感謝を申し上げたい。最後に、本書は愛知大学出版助成金を受けていることを明記しておきたい。

2024年 9 月

金　湛

# 目次

## 図表一覧

## 第5章



## 小括



## 第Ⅱ部



## 第6章



## 第7章



## 第8章

## 第９章



## 終章

# 序論

本書の主題は、中華人民共和国（以下、「中国」と略称）の経済発展過程における農業近代化及び農村の貧困解消に関わる政策と農民の取り組みを検討することである。本書は、後述する農民の貧困、農業の立ち遅れ、農村の疲弊を中心とする問題、いわゆる「三農問題」に集約される農村地域の問題をどのように認識し解決すべきかについて、関連研究の理論的検討と現地調査に基づく実証的研究の両方を通じて分析を行う。最終的に、政策と取り組みの妥当性と有効性に対する検討を行い、農業経営の組織化を試みる中国中南部丘陵地域の農村社会における発展の可能性と方向性を明らかにすることを目的とする。

中国共産党中央委員会、中華人民共和国国務院が毎年年初に発表する通達文（中央一号文件）は最も重要な公文書とみなされている。1982年以降、それらのほとんどが農村の産業と貧困の問題を主題とし、農業の産業化や農村の市場化を掲げてきた。農村地域の問題をめぐる諸政策からは、中国政府の「低い農業生産性は三農問題の核心」であるという捉え方がみえてくる。これまで三農問題の解決方法に関して、主として二重経済論や自由市場主義の視点から検討されてきた。本書は、このような経済学理論に基づく画一的な発展戦略のあり方に対して懐疑的であり、都市と農村の二元化政策や、小農を中心とする経済構造下の農村市場化戦略と、緑の革命のような生産性の向上策こそが小規模農家の相対的な貧困化を招いた原因と考える。農業の低い生産性、農民の貧困と格差は、これまでに蓄積されてきた政策的な問題によるものであり、それが示す症状あるいは兆候に過ぎないと主張する。

中国農村、とりわけ中国中南部丘陵地域において、三農問題の形成は社会制度による影響を受けている。諸問題を引き起こす要因は、中国農村の社会関係のあり方と資源の管理・配分に関連する諸制度、すなわちインフォーマル及びフォーマルな社会制度による結果である。上記の経済学理論が社会的条件を無視して農村や農業政策を論じることは、むしろ三農問題の深刻化をもたらす可能性が高い。三農問題の解決には立地条件と人口条件を踏まえたうえ、こうした社会制度からのアプローチが欠かせないといっても過言ではない。

中国における資源の所有と分配に関して、佐藤宏は中国では非経済的資源による影響、とりわけ政治的地位が経済的資源の分配を決定すると指摘している（佐藤、2003：1－5）。また、中兼和津次は中国農民の経済的権利・社会的権利・政治的権利を論じる際、財産権・戸籍制度・農村自治の視点が必要不可欠であると考えている（中兼、2007）。従って、諸問題の解決にあたっては、中国農村社会の特徴に対する理解を踏まえたうえでの、制度的な改善が求められる。

地域における発展のあり方は、フォーマルな政策・制度だけによる結果ではない。社会制度や経済政策が地域を持続可能な発展の方向へ導くか否かは、その制度設計と、集団の大多数の成員が持っている共通する経験と生活様式に基づく構造的特徴の本質との適合性に規定されると考えられる。中国農村において開発と進歩を目指すには、まずその社会的性格とそれを成す社会倫理及び広義の制度について解明する必要がある。そのうえで、集団における集合的な経済的・社会的動機を構築し、行動を促す制度や政策の設計が求められる。例えば、人民公社の失敗をもたらした要因のうち、生産や分配などのフォーマルな制度による影響は重要であるが、中国農村の「非協力的な」社会環境という明文化されていないインフォーマルな社会制度による影響も無視できない。改革開放政策の実施がもたらした著しい増産と経済成長の原因は、集団化や人民公社という公有制に基づく計画経済路線から離脱したことで、インフォーマルな制度が活性化して農民のインセンティブが改善されたことにある。つまり、原洋之介が指摘したように、中国における農業部門の改革は市場経済への移行というより伝統的な市場への回帰である（原、1995）。この指摘から、農業生産性の技術的な向上よりも生産関係の改善のほうがより効果的であり、三農問題の発生と拡大も社会環境を含めた制度的な要因による影響の大きいことが想定できる。

1970年代末の改革開放政策による市場経済化政策の進展、加えて1980年代後半以降、市場秩序を維持する政策や格差の是正及び弱者を保護する政策の欠如により、生産条件に恵まれた地域とそうでない地域との格差、生産性の高い産業の労働者とそうでない産業の労働者との所得格差が大きく拡大し続けた。1990年以降の食料作物の過剰生産による所得の低下、食料市場のグローバル化による衝撃が中国の小規模農業生産を中心とする農家の貧困問題を深刻化させ、農業生産の衰退をもたらした。本書は、短期的な経済政策や開発戦略の妥当性ではなく、中国の政治経済構造を総合的かつ複合的に検討するという意味で、理論志向の比較研究に文脈重視の地域研究を組み合わせた研究手法を取り入れる。

本書の研究の枠組みは、3つの側面を持つ。1つ目は発展過程を支える経済面である。上述したように、本書は経済政策だけによる三農問題の解決を批判的にみている。しかし、経済面での検討、とりわけ経済政策と地域の社会的性格との適合性に対する検討は必要不可欠である。経済発展過程において、農村・農業部門は農村人口自体を扶養維持するだけでなく、都市・工業部門に低賃金労働力と安価な食料を供給する役割を担わされている。そのため、単位面積あたりの生産性の向上、または生産の大規模化によって、農業生産の増加を達成するような農業の近代化が必要になる。本書は、開発経済学と中国経済研究の成果に基づいて、経済発展過程における農村・農業部門の役割、農工両部門の関係、農業近代化における市場原理の意義と限界、農業近代化における生産性向上、大規模化と人口などの条件に関する論点を整理し、経済活動を検討する際の理論的枠組みとしてその結果を用いる。

2つ目の側面は、インフォーマルな社会制度と時代的背景を併せて「地域的文脈」を踏まえることである。理論的研究は普遍性を重視し、地域の特性への関心が副次的であるのに対して、従来の地域研究は1つの国または地域を包括的かつ総合的に理解することに重点を置き、対象地域の住民の集合的な気質や考え方、いわゆる集団的特殊性と、住民の社会的階級や意思決定に関する社会政治的状況を考慮してきた。それに対して、本書は新制度派理論の考え方を参考にして、そうした特殊性を作り出す要因について分析・考察する。つまり、対象地域の条件的な類似性と結果的な相違を分析することによって政策や農民の取り組みを評価するだけではなく、社会環境やリーダーの働き及びこれらによって影響される農民の選択を捉え、それに基づいて彼らの行動の解釈を試みる。

現代中国の農村では個人の行動を制限する拘束力が弱そうにみえるが、特に慣習法や慣習経済が優勢となる地域社会において、その社会関係は極めて複雑なものとなっており、個人の行動を強く制限する。社会の構成員である農民は、欲求や感情を持ち、情報と手段が限られた環境のなか、自らの利益判断に基づいて協力あるいは抵抗を選択する。利益配分をめぐる人々の対立がしばしば発生するため、農民たちは利益に対する主観的な選好と信頼関係に基づいて、血縁をはじめとする諸関係を用いて、フォーマルとインフォーマルな生産と扶助の組織や長期的・短期的な利益集団を形成する。本書は、中国農村における社会関係の形成と特徴を検討し、中国の農民の能動的な側面と不完全情報下で限定された彼らの行動の合理性に注目して、組織化を検討する際の理論的枠組みとして用いる。

３つ目の側面は、土地の所有と利用、生産物の分配、社会福祉に関連するフォーマルな制度・政策を踏まえることである。中国ではすべての王朝交代が農民の反乱による影響を受けており、安定的な農業生産と平等な分配が政権安泰の基礎である。中国においては1949年以来、土地の所有権・耕作権・農産物の処分権の変遷とそれに基づく農業経営体制の推移は、過度な土地集積を避けながら、生産効率の向上を模索する過程であるといっても過言ではない。本書は、中国農村の社会関係を考慮するうえで、土地の所有権・組織化・生産規模の角度から中国農村の組織化経営の条件と発展方向について検討する。そして、農業経営の多様性と可能性を検討するうえで、「三権分置」のようなフォーマルな土地所有制度が農業生産や農業近代化、地域社会の発展に与える効果、貢献について検討するための枠組みを構築する。

以上の枠組みに基づき、本書は土地政策をはじめとする諸政策の検討と農業の近代化、貧困解消の取り組みに関する事例の分析を行う。そのなかで、市場原理の導入による解決策では問題の解消に限界があることを示すと共に、共有経済の創出と、交渉コストの発生を抑制する社会制度の構築における農業経営の組織化の形態及びリーダーの役割と限界を明らかにする。

全体的にみれば、本書は中国の生産要素賦存と政治体制から派生する制度的特性及び内面化された社会的特性を考慮に入れ、組織化による所得向上と貧困対策への妥当性や有効性を立証し、リーダーの役割とその働きによる結果を評価するものである。さらに、分析結果を抽象化・概念化することによって、中国農村地域での貧困削減や所得向上に対する組織論的及び地域研究的なアプローチを展開する。

本書は序論と終章を除き、2部9章によって構成される。

第Ⅰ部は第1章から第5章及び小括で構成され、本書が基本的立場としている開発経済学の理論と地域研究的な調査研究の組み合わせという研究枠組の基本的構成について説明する。本書の学術的意義を主張すると共に、第Ⅱ部の記述と分析のための枠組みを導く。

第1章は二重経済論を取り上げ、農業の発展と農村労働力の移動をめぐる先行研究の議論を整理し、中国の農村社会における社会経済的変容やルイスモデルの有効性と限界について検討する。そして、中国経済の構造転換について展望する。

第2章は農業生産性の向上とそれが経済発展や農村の貧困に与えた影響について、新古典派経済学と緑の革命に関連する先行研究を理論的に検討し、資源をめぐる農民同士の競争と小規模農家の貧困化の観点から、中国における三農問題の起因について推察する。

第3章は新制度派理論を参考に、地域農業組織論における取引コストの概念を用いて経営方式の選択について説明する。本章では既存の理論を引用するだけでなく、理論そのものが抱える問題点を検討し、中国農村社会の状況と本書の目的に合わせて、取引コストの概念を再構築する。

第4章は中国農村社会の形成と特徴、第3章で言及する取引コストの概念を踏まえて、個々の農民が自己を中心として関係の親疎に応じて社会関係を序列化する社会のあり方、いわゆる「差序格局」的な社会関係のなかで、農業経営の組織化を実現するために求めるリーダーの役割とその公的役割を果たすうえでの限界について考える。

第5章は中国における農業経済政策の推移、特に三権分置という土地所有制度の展開を検討し、中国農業における今後の多様な可能性について検討する。そして、農業経営についての類型を提示し、第Ⅱ部で取り上げる事例を比較する視点を明確にする。

以上を踏まえ、第Ⅰ部の小括では研究の枠組みを提示する。

第Ⅱ部は第6章から第9章で構成され、上記の理論に基づいて実証的検討を行う。本書の方法論について説明するうえで、自然的・社会的条件が類似する地域から、第5章の分類に従って類型ごとに事例を選び、現地調査の結果を用いて研究の枠組みを検証する。そして、効率化による農業生産性の向上を目指す政策だけでは、中国農村の持続可能な発展につながらないことを論じる。最終的に、交渉コストの発生を抑制し、共有経済を創出する農業経営の組織化の形態の有効性を検証する。

第6章は、2000年以降深刻化しつつある農村の労働力流出の問題を踏まえて、都市農村一体化政策を中心とする新都市化政策の影響を分析する。対象として、有効な産業政策が導入されず、市場経済の浸透により若年層を中心とする労働力の流出が激しい湖北省M市を選んだ。統計分析と事例研究の両方を用いて、中国経済の構造転換が完成されるまでの間、市場化の推進が不利な条件を持つ地域の農業経営と農民の生活水準に与える影響について検討する。

第7章は、中央人民政府が推進する産業構造の合理化と農地流動化がもたらす生産性向上への効果と小規模農家の経営に与える影響を念頭に、中国の農業政策の背景・目的・結果について分析する。本章は湖南省S県を対象に、食料安全保障や小規模農家の保護、農業の持続的発展の観点から大規模化農業経営を推進する政策の展開について調査した。構造転換が完成しておらず、農業労働者の賃金も限界労働生産性によって決定されない農村地域において、いわゆる緑の革命的な増産政策の一律的な実施による大規模化を図れない小規模農家の相対的貧困化について検討する。

第8章は、農業の安定的生産と経営の効率化及び高付加価値化を図るため、組織化した地域営農の展開におけるリーダーの役割と問題点について検討する。本章は湖南省X県の橋村を対象に、農業生産性を向上させるための集団的土地利用の実現、農家の選択、リーダーの働きについての調査に基づいて議論する。日本のような共同体関係が存在せず、生産活動が分断されてきた中国の農村において、リーダーによる経済発展の効果と独裁と収奪の仕組みを明らかにする。

第９章は、農民の所得向上と貧困削減の観点から共有経済の創出と役割について分析する。本章では湖南省Ｄ区の羊村を対象に、生産財の共同利用によって生産の大規模化の実現と所得移転に基づく貧困削減の効果を検討した。この事例を通して、リーダー個人の才能に頼るのではなく、社会的合理性と経済的効率性を併せ持つ生産システムの構築と土地と資本を共同利用することで交渉コストを回避する仕組みについて検討する。

終章では、中国農村社会に存在する高い交渉コストを回避する重要性を念頭に置きつつ、伝統農業から近代農業への発展について、具体的な方法、つまり、取引コストの高い社会環境のなかでの有効な経営方式を提示する。そして、本書全体をまとめ、残る問題について説明する。

# 第Ⅰ部　理論的枠組みと地域的文脈

本書は、開発経済学や組織論、地域研究的・事例研究的な調査研究の組み合わせに立脚するものである。第Ⅰ部の目的は、本書に関連する理論と方法論について先行研究を整理・検討し、また、論文の理論及び方法論に関する学術的意義について説明する。これは、第Ⅱ部の記述や分析を導く理論的・方法論的枠組みの基盤をなすものである。また第Ⅱ部の事例を時間的・空間的に位置付ける地域的文脈を明らかにする。

開発経済学では国家間の発展と格差について、複数の理論的アプローチが提示されている。代表的な古典派経済学の枠組みを適用した二重経済論と新古典派経済学の自由市場主義以外に、規模の経済、信用の制約、歴史的制度、植民地支配等の経路依存性に関連する諸説もみられる。そして、これらに基づいて、様々な類型モデルが提示されている。農業に関しては、緑の革命論や地域的特徴に注目した北東アジア型発展論などが挙げられる。緑の革命については、改良した品種の普及により生産条件の良い地域に食料増産と所得向上をもたらしたことだけではなく、グローバル化のなかで、地域間の経済的厚生水準の格差や農民の所得格差を拡大させたこと、化学肥料と農薬の大量投入による水源や土壌への影響、種子会社による農民に対する支配と搾取も議論されている。北東アジア型発展論では、産業発展が経済成長と貧困削減をもたらしたことや、その成長が農業を犠牲にしたうえで実現したものであることを、中国を含む諸国の経済発展と食料自給率の低下する過程に注目しつつ示している。

戦後、1960年代までに、伝統的社会から経済成熟社会へと発展する段階説や、政府主導型の開発論や現在でも用いられる二重経済モデルといった多様な経済開発理論が出現した。1980年代以降では新古典派経済学の自由市場主義、1990年代以降では持続可能な開発論が主流の理論となっており、時代によって理論が異なるものの、これらの考え方は地域の特殊性を軽視した普遍主義的収斂論の見方を持つ点で共通している。このため、1990年代末以降、新制度派理論の台頭に伴い、地域における制度的相違とそれによる影響が注目され、多様性に基づく地域発展の分岐が認められるようになった。

しかし、諸説は一定の妥当性を持つものの、実際のところいずれの理論も単独では貧困と開発問題を普遍的・根本的に解決するものとなっていない。新古典派経済学は市場経済が一定の条件下において資源配分を効率化させることを主張するが、その前に市場経済の形成ないし発達には長い時間を通じた経済システムの変化が必要である（原、1995）。二重経済論の成立には、農業と非農業産業との間における市場競争の成立が前提条件となる。以上の普遍主義的な見方に対して、新制度派理論はアクターの多様な行動の合理性に立脚し、アクターの選好と社会的環境である制度との相互依存性を主張する。その一方で、合理性判断に至るまでの理論展開の妥当性が問われる。そのため、開発問題を検討する際、経済学だけではなく、政治学・社会学・人文学等の多分野にわたって総合的な検討が必要となる。また、多数の学問にわたる複数の理論を用いて、複雑な現象を検討する際、前提から結論に至るまで理論展開の厳密性と正確性がより一層求められる。原は産業化の前提局面となる市場経済の発達という歴史過程にみられる地域性の解明を強調し、「多様で非収斂的な発展過程の存在を認める多元的・複線的発展史観の構築」を主張している（原、1995：153）。

武内進一によれば、地域研究は一国または一地域の政治・経済・社会を総合的に研究し（対象総合性）、学際的な研究方法を採る研究アプローチを指す（武内、2012）。中国は巨大な多民族国家であるため、同じ省の中でさえ必ずしも自然的・社会的共通性を有しておらず、一般的に「一国地域研究」で想定される地域的同質性を持った国民国家に当てはまらない。この点を踏まえながら、本書は重冨真一による比較地域研究の手法を参考にする。つまり、同じ目的を持った行為・政策や同じ衝撃が国や地域によって異なる表れ方をする時、その違いをもたらした要因に関心を持ち、地域的文脈を重視する方法である（重冨、2012）。そして、対象地域の選択にあたっては、マテイ・ドガンとドミニク・ペラッシーの指摘を参考にして、指標が統御しやすく、適切な問題を提起して掘り下げやすい類似する地域の比較を行う（ドガン・ペラッシー、1983：170-172）。「地域」（region）の概念については、本書では木内信蔵による地理的な概念と地域の属性の考え方を参考にした。つまり、地形や気候などの自然的な同質性だけでなく、地域は隣接の空間から区別された固有な場所的関係を持ち、社会的な共通性を持つ実質的な存在である（木内、1968：83-87）。

本書は開発研究と地域研究を組み合わせ、研究対象を政治・経済・社会などの分野を越えて総合的に捉える。方法論に関しても総合的志向と学際的な傾向を持つ。アンディ・サムナーとマイケル・トライブによれば、同じように総合的・学際的でも、開発研究の対象は食料問題や雇用問題、都市問題等、いわゆる問題解決型であり、応用研究的で、政策指向や実務との関連が強い。開発研究は理論志向であり、国や地域を単位にした比較（cross-country analysis）や特定の指標を基準とした分類やランク付け、類型化を伴う比較研究の特徴を備えている（Sumner and Tribe, 2008：26-27）。研究課題や研究対象の理論との整合性、研究結果の普遍性を重視する一方、事例の特殊性をエラーとして軽視する傾向を持つ。

それに対して、地域研究の対象は特定の国や地域であり、事象の意味を捉えることを目的とする（Sumner and Tribe, 2008：26-27）。国や地域という文脈（context）を第一義的に重視する従来の地域研究は、固有性を重視し、地域を越えた一般化や普遍化には関心を示さない場合も少なくない。つまり、地域研究は具体的な事例に含まれる普遍的な要素も特殊的な要素も客観的な事実として捉えて考察する。その場合、特定の社会現象を徹底的に説明することが可能である一方、事例の特殊性に大きく影響され、理論から逸脱することが生じる。また、他の地域との比較を行わないため、地域の特殊性を抽象化・概念化することができず、社会現象を理論的に説明することが困難である。結果的に、研究の結果だけではなく、研究そのものの意味を否定される場合もある。

地域研究が法則性を打ち立てる科学とは無縁であるかのように捉えられることもあるが、特殊性を持つ意味に注目して、それを理論化する重要性について言及する研究もある（例えば、King et al., 1994；Brady and Collier, 2004）。地域の特殊性は単なる条件ではなく、それを分析すれば、複数の抽象化した概念によって形成されるシステムとして捉えることが可能である。そして、そうした条件の形成に至るまでの因果関係を追求することで、既存の理論を修正・補完、あるいは新たな理論を誕生させることが可能となる。これまでできなかった事象の説明や課題の解決に導くことも可能となる。無論、こういった理論化や一般化には、背景知識とメカニズムに対する理解が必要不可欠である（佐藤、2016：79-84）。地域研究では、現状をもたらす原因として特殊性を考慮するだけではなく、それを形成する制度的社会環境に対する検討も求められる。つまり、文脈的な検討が欠かせない。以上からみれば、本書は理論性を重視する側面と文脈を重視する側面の両方を取り入れるという特徴を持つ。

# 第1章

# 経済の発展と農村労働力の移動[1)]

## —二重経済論の主張と限界—

## 第1節　二重経済論の展開と応用

本書の1つの柱である開発・発展に関する研究領域は、開発研究と訳される development studies である。英語の development は日本語に訳す場合、自動詞的な意味では発展、他動詞的な意味では開発と分けられる。また、使用する論者の立場によってどちらを選ぶかが決まってくることも多い。開発研究は、経済学・社会学・人類学・地理学・教育学等の複合領域であり、開発経済学・開発社会学・開発人類学のように多岐にわたる下位分類を包含する学際的専門分野である（Potter, 2008）。1950年代には、開発研究の領域も近代化論的な見方が支配的であり、各国や地域を工業先進国と発展途上国に二分して捉えていた。その時の開発経済学は主に1人あたりの国民総生産（GNP）と経済成長率との関係など、いわば、古典的な開発理論に即した問題を設定していた。なかでも1954年に登場したルイスモデルを代表とする二重経済論は、現在でも開発経済学や中国経済論の専門的教科書などで言及され、中国経済や社会をめぐる議論にもたびたび用いられている。

二重経済論あるいは二重構造モデルは、開発経済学もしくは経済発展論における工業化や資本主義的発展に関する理論であり、「農工両部門モデル」とも呼ばれるように経済発展過程における2つの異なる経済部門間の関連に関わるものである。

---

1）本章は「三農問題への対策をめぐる開発経済学の理論と中国の現実」（『東亜』第673号、2023）の一部を加筆修正したものである。

アーサー・ルイス及びその後の研究によれば、ルイスモデルは3つに分かれる。モデルⅠでは部門間に交易が存在せず、伝統部門は近代部門に対して労働力のみを供給する。モデルⅡでは伝統部門は近代部門に労働力・食料・原材料を提供し、近代部門は対価として工業製品を供給する。両部門間における交易条件の変化が経済発展において意味を持つ。この2つのモデルは、外国との関係を考えない閉鎖経済モデルとなる。モデルⅢの開放経済モデルでは、近代部門の労働力・食料・原材料は海外との交易によって調達することが想定される。いずれのモデルにおいても、近代部門は伝統部門から生存維持レベルの低賃金労働力の供給を受けて、利潤を確保し、資本蓄積を行うことで成長する。転換点に至るまでは、近代部門が成長することにより経済全体が成長する（Lewis, 1954；1958；1979；Ranis and Fei, 1961；1964；福留、2008）。

ルイス転換点とは、ルイスモデルで想定されている、伝統部門の余剰労働力または潜在的な失業人口が底をつく時点である。伝統部門において賃金はその伝統社会で支配的な「生存水準」で決まる。転換点を超えるまで、近代部門は伝統部門からの労働者を生存水準の賃金で雇用し続けることができるが、余剰労働力が枯渇して労働の限界生産性が向上すれば、従来の低賃金では雇用できなくなる。労働者の賃金率は生存維持レベル（生存水準賃金）にとどまらず、上昇圧力が生じる。そうして賃金は労働の限界生産性によって決定されるようになる。転換点を過ぎた後、工業部門において労働節約的技術の採用や労働生産性の向上などが行われなければ、労働コストの上昇が利潤を圧迫するようになる。農業部門では、単位面積あたりの生産性向上を図ること（投入／産出比率の改善）や機械化による大規模化を行わなければ、農業生産の減少を招く。農村の貧困解消について、農村の余剰労働力問題の解消と同義とみなされ、それは近代部門の成長により労働力が非農業産業に吸収されることによって実現されると考えられた。日本は1960年に転換点を通過したといわれ、続いて台湾は1960年代末、韓国は1970年代初頭にそれぞれ転換点を通過したとされる。

ルイスモデルは正統派開発経済学を代表するものと位置付けられ、そのなかで農業部門は、工業部門に低賃金労働力と安価な食料及び原材料を提供しながら、工業部門の発展に依存して発展するものであるという消極的な評価を与えられていた。近年ではその一面的な見方の限界が指摘され、開発経済学では、経済発展における農業部門の戦略的役割についてより多面的に捉えられるようになった。多くの研究は、農業部門が持つ経済開発と貧困削減の役割について、低賃金労働力と安価な食料及び原材料を提供する（モデルⅡ）だけでなく、開放経済モデル（モデルⅢ）の枠組みのなかでも工業化等に必要な外貨を獲得するための輸出用商品作物の生産とそれに伴う農民の所得向上に資するものと位置付け、積極的な意味を与えた（Oya, 2011）。

## 第2節　二重経済論の中国への適用

石川滋は、中国の社会主義計画経済時代にあたる1950年代から1970年代までの間、農業生産の中心となる「低開発的社会主義経済」システムにおける農業部門と工業部門との関係について次のように解説した。すなわち、低い農業生産性が労働力を扶養するための食料供給を制限し、それによって工業部門への労働力の配分が制約され、中長期における経済及び国民消費の成長を妨げた。こうした中国の経験に基づいて、石川は社会主義経済の成長理論を補正した。その主張は次の3点で本書の議論と重要な関連を持つ。

① ルイスモデルの解釈
② 中国の農業部門の特徴と工業部門との関係
③ 市場経済と慣習経済との関係

両部門間に交易が存在しないモデルⅠでは両部門間の労働力供給に限定されており、両部門間に交易が存在するモデルⅡでは、近代部門の労働者や消費者は伝統部門の農民から食料を調達することが想定されている。これについて、石川は部門間の食料交易の有無を、地域的・時代的文脈の違いによる部門の性格の違いで説明した。石川（1990：23-29）によれば、ルイスモデルは日本や中国など北東アジア地域の経済発展過程を説明する際に適用されてきたが、ルイスが提示した初期の閉鎖経済モデルはイギリス産業革命期の

「古典的工業化過程」をモデル化したものであり、当時のイギリス経済において自給的農業部門の余剰労働力が最低生存水準賃金で労働者として雇用されることで、工業化が進展したことを示すものである。

石川は説明していないが、イギリスにおけるこの過程は、マルクスが「資本の本源的蓄積過程」と呼んだ土地の囲い込み（enclosure）によって、生産手段である土地を奪われた農民が労働者階級に転化することで達成されたものである。つまり、生存水準賃金の労働者が近代部門に供給されたのである。ここでは、近代的工業部門で働く労働者に供給するための食料（賃金財）は近代部門に属する資本主義的農業が提供しており、自給的農業部門から調達することはなかった。このイギリスの実態によって、モデルⅠでは部門間の食料の交易が想定されなかった。

ところが、近代の日本を含む発展途上国では、資本主義的農業経営と労働者に両極分解したイギリス産業革命期の古典的工業化過程とは異なり、食料生産は自給的農業を中心とした小規模農家によって営まれ、近代部門はその内部に資本主義的農業経営を有していなかった。そのため、労働者に提供する賃金財の重要部分を成す食料を部門内で調達することができず、伝統部門から調達しなければならなかった。従って、石川が指摘している通り、北東アジア諸国や発展途上国に対する「ルイスモデルの応用に際しては、農村過剰労働力の移動と同時に農村の余剰食料の移動可能性についても検討せねばならない」（石川、2004）。これは、北東アジア諸国の経済発展過程では、伝統部門は自給的農業生産を中心とする小規模農家経営が大勢を占める形で存続したまま、近代部門に低賃金労働力と賃金財の主要部分である食料を供給しなければならないことを意味する。この条件が加わると、多くの発展途上国にみられるように、最低生存水準賃金での労働力供給は、「転換点」が訪れるよりも早く止まってしまい、それと共に実質賃金が上昇し、資本家にとっての利潤の減少が始まってしまう。

ルイスモデルでは、工業部門と近代部門をしばしば資本主義部門とも呼んでいるように、資本主義体制下での経済発展、工業化が想定されている。本書で研究対象とする中国は社会主義体制国家なので、これらの理論を適用する際には一定の調整や修正が必要となる。

中国における社会主義は、計画経済時代と市場経済時代に分かれる。計画経済時代は、生産手段としての土地や資本の国有（あるいは公有）または国営（公営）を通じた国家による生産と分配の計画的管理統制が行われていた。しかし計画経済は名目的なものであって、実態としては計画により統制できたのは経済の一部に過ぎなかった。石川によると、当時のソビエト連邦における社会主義計画経済の成長理論を適用したモデルでは、理論上は投資財生産部門に配分する割合を大きくするほど中長期の経済成長率が高くなるはずであった。しかし現実にはこの配分割合は労働分配率に制約されるため、政府がこの配分割合を裁量的に決定できる範囲は限られていたという。政府は、名目的には（つまり計画上あるいは政策的には）この労働分配率を操作できるが、実際の分配率をみると、食料の生産や供給の大きさが決定的な制約要因となり、分配率の操作を実現できなかった（石川、2004）。

中国の場合、賃金財の主要部分を構成する食料の供給を、広大な国土に広がる多数の小規模自給農家に依存しており、その工業部門への供出弾性値は低かった。同じ社会主義計画経済と呼ばれていても、計画経済が国民経済の各部門を包括的にカバーし、農業集団化などによって農業生産の大規模化を進めていたソビエト連邦とは異なり、中国では計画経済が実質的にカバーしていた部分はわずかであり、農村部には自給的な小規模農家経営の形態で、過剰人口が滞留していた。慣習経済の残存は市場経済の配分機能の不足を補完するメリットがあるが、その一方で市場経済の発展を妨げる（石川、1990：9-15）。渡辺利夫によれば、二重経済モデル（モデルⅡ）は、耕地を外延的に拡大する余地に限りがある一方、すでに過剰状態にありながらなお相当の速度で人口が増加するアジア型の初期条件を持つ途上国を想定しており、若干の技術進歩がなされても、その効果は増加する人口によって吸収され、「低水準均衡の罠」からの脱出は容易ではない（渡辺、2006）。それは日本や韓国など北東アジア諸国の状況に類似しており、伝統部門に滞留する過剰人口の解消は経済発展の主要課題となる。

## 第3節　二重経済論における中国経済への評価

1978年の改革開放政策の導入により、中国は経済政策を模索する時期に突入し、政治体制と経済体制の改革をめぐって様々な議論が行われるようになった。1992年の鄧小平の「南巡講話」をきっかけに経済改革の規模がさらに拡大され、同年の第14回中国共産党大会において「社会主義市場経済」の概念が確定した。鄧小平が設計した経済発展の計画とは、工業化、低所得国からの脱出、産業構造の合理化、上位中所得国の仲間入り、イノベーション主導型経済成長への転換の実現であり、最終的には高所得国になることである。

鄧小平の経済発展の目標が順次に実現され、2000年代前半に、中国経済が「ルイス転換点」に達したかどうかをめぐって議論が起きた。大塚啓二郎（2006）と蔡昉（2007）は2004年に中国が転換点を通過したと主張した。その根拠は、工業部門の賃金が急速に上昇した事実に基づいている。彼らの主張に対して、実質賃金の上昇は必ずしもルイス転換点の通過を意味しないという反論が多くみられた。田島俊雄（2008）と厳善平（2008）は伝統部門における生存水準賃金と限界生産性の測定が必要であるとしたうえで、非農業部門における労働力不足と賃金の引き上げ圧力は、余剰労働力の枯渇ではなく、農業部門における収益の上昇が低賃金の加工業への就業減少をもたらしたことが原因である可能性を指摘した。この指摘は上述した石川の見解とも一致する。

南亮進と馬欣欣（2009）が集計した第1次産業労働力の変動によると、1980年代（1981～1990年）の純流出数は年平均93万人で、自然増加数1,112万人の1割にも満たないものであった。差引の動態は1,000万人を超える大規模な増加であった。1990年代（1991～2000年）になると、自然増加数435万人に対して、純流出数は年平均512万人、さらに、2000年代（2001～2007年）では自然増加数と純流出数はそれぞれ418万人と1,258万人になり、差引の動態は大幅なマイナスに転じた。

以上の点を踏まえながら、南と馬は、中国がルイス転換点を超えたという主張に対して疑問を呈している。まず、農村の余剰労働力を推計した結果、中国農業の限界生産性は上昇傾向にあり、転換点に向かって進んでいることは間違いないにしても、2001～2005年の期間、農民１人あたりの所得で推計した場合は農業労働力の64.8％、１人あたりの生活消費で推計した場合は農業労働力の34.6％が余剰労働力であったという。また、南と馬は、転換点到達説に疑問を呈する傍証として、都市における失業率の上昇、労働分配率の低下傾向、所得分布の不平等化を挙げた。

ルイス転換点を通過したか否かはさておき、人口動態は改革開放政策実施以降の中国経済の発展過程において重要な意味を持つ。1970年代半ばまで、社会主義計画経済時代の経済政策が農村の絶対的貧困を生んだことが示すように失敗していたにもかかわらず、すでに過剰状態にある中国の農村人口は人口増加促進政策の下で急速に増加した。しかし、1979年以降の改革開放政策期になると、工業化と市場化に基づく経済政策の成功により、急速な経済成長を実現しただけではなく、人口増加抑制政策（一人っ子政策）の実施に伴って出生率が急速に低下した。

1992年の社会主義市場経済の導入時には人口増加政策下で生まれた人口が労働に参加する年齢に達したため、工業部門による労働力の吸収と農村人口の増加速度の低下により伝統部門に滞留する余剰人口が急速に解消され始めた。総人口に占める生産年齢人口の割合の上昇と政策的に抑制した従属人口比率の低下が重なり、中国の人口ボーナスはより一層効果を発揮した。しかし、世界的に最も厳しい人口増加抑制政策の長期にわたる実施が高齢化社会の早い到来を招く。2000年に７％であった高齢化（65歳以上）率は2025年に14％に達することが予想されていたが（United Nations, 2019：261）、これは中国の合計特殊出生率の低下によってさらに早まった。

また、都市と農村を分けて管理する戸籍制度による人口移動の制限と都市住民に限定する社会保障制度の実施により、低所得かつ余剰人口の多い農村では少子化が進んだ。中国の農村人口の比率は1970年83％、1980年81％、1990年74％、2000年64％であり、2011年にようやく都市と農村人口の比率が反転し、2019年に39.4％まで低下した。しかし、中国の急速な産業化と経済成長を考慮すれば、以上の都市化の推移は極めて緩やかなものといえよう。こうして、渡辺（2006）が指摘したように、労働者の農工転換が十分に進展する以前に人口ボーナス期が終わる可能性が大きい。

## 第4節　二重経済論の中国への適用の限界

今後の中国農村人口及び労働力問題について丸川知雄は、2019年の時点でルイス転換点の通過前と通過後の農村が併存することを指摘した。また、人口流出と土地の転貸による大規模な農業経営への転換と共に、中国経済はルイス転換点を超えると指摘した（丸川、2021：125-126）。それに対して、本書の考えは異なっている。都市に出稼ぎに出る若年層の農村労働力は移住の自由とフォーマルセクターへの就業がなければ、雇用機会を失うと農村に戻ることになる。生活を支える十分な年金もなく、近代農業に必要な技能も持たないこれらの労働者は、いずれ自給自足的な伝統農業に従事し、「生存水準」で暮らす高齢労働者にならざるを得ない。また、労働力を計算する際、実際に就労する高齢者もカウントしなければならない。従って、農村若年層の余剰労働力の消滅にのみ注目し、その視点からルイス転換点の通過を観察したとしても、先進諸国のような限界生産性による賃金決定や農業部門における普遍的な生産性の上昇を実現できず、ルイスモデルが持つ本来の意味で転換点を超えることにならない。

移住の自由を制限する戸籍制度が実施され、中国の都市と農村の労働市場が人為的に分断されるなか、農村労働者は都市労働者と異なる社会保障条件の下で安価な労働力として都市部に供給される。また、市場原理の浸透と自由貿易の拡大により、食料価格の決定権を有しない農民は食料・原材料を提供しながら地域外の工業製品を消費する。この構造は農民の生産物を取り上げて、都市住民を優遇する、いわゆる労働者階級が農民階級を支配する計画経済期の形態と異なっているものの、移住の制限と経済の自由化によって都市経済の農村経済に対する支配を維持している。従って、中国の都市と農村の関係は、部門間交易というより、統一的金融システムにおかれた先進国と途上国の間にみられる安価な労働力や食料・原材料と工業製品の交易といった経済関係に近い。その結果、中国経済全体としてのルイス転換点の通過は、所得の不平等が縮小に転じるポイントを示すクズネッツ転換点と中所得国の罠[2]の通過もより困難なものになっている。中国の土地所有制と戸籍制度による制約を受け、二重経済論を用いて中国農村及び農業経済の発展を説明することの限界は明らかである。

2）クズネッツ転換点とは、アメリカの経済学者サイモン・クズネッツが提唱した概念である。経済発展の初期段階では工業部門の高い成長率によって産業間の所得格差が拡大するが、経済発展の後期では農業の近代化に伴い所得格差が縮小する。中所得国の罠とは発展途上国が低賃金労働力等を武器に経済成長を遂げ、中所得国に達するも人件費の上昇によって工業製品の国際競争力を失い、経済発展が鈍化することを指す。中所得国の罠を回避するには、経済構造の転換が求められる。従って、クズネッツ転換点の通過と中所得国の罠の回避のいずれもルイス転換点の通過を必要条件とする。

# 第 2 章

# 農業生産性の向上と農民の貧困[1)]

## ―自由市場主義と緑の革命の限界―

## 第１節　新古典派経済学の中国への適用

第１章では、中国の農村部門における労働力供給と食料供給に対する二重経済論の適用可能性について検討した。上述の通り、土地の公有制と人口移動制限等の制度的条件により、ルイスモデルの適用については合理性と有効性が疑われる。本章は改革開放政策導入以降の農業生産の展開に注目して、農業生産の効率化と農業生産性の向上がもたらす農民の相対的貧困について検討する。

「開発の時代」の始まりとされる戦後から1960年代にかけて、工業化をめぐっては、発展段階によって政府主導型と自由市場主義が入れ替わるように展開してきた。絵所秀紀によれば、1940年代後半から始まる「構造主義」（structuralism）に基づく政府主導型の経済開発は、1960年代に入ってから、政府による過度な介入を批判する新古典派経済学や新古典派を補完する支流となる改良主義、開発経済学を批判的にみる新マルクス主義の３つに分裂した。そして、1970年代から1980年代にかけて、新古典派経済学が支配的地位を占め、世界銀行・IMF・米国財務省の三者が形成する、いわゆる「ワシントン・コンセンサス」による公式の開発経済学理論として、開発経済学と開発援助の世界を主導してきた（絵所、1997：220-226）。

新古典派経済学は、市場経済や市場原理を重視し、これらの働きを妨げる

---

１）本章は「三農問題への対策をめぐる開発経済学の理論と中国の現実」（『東亜』第673号、2023）と「中国の農村社会における共有経済の創出と地域福祉：湖南省羊村の取り組み」（『中国21』第 55号、2021）の一部を加筆修正したものである。

政府の規制や介入を除去することが経済活動の正常な作用を促進し、ひいては経済発展につながると考える。市場は需要と供給の関係に基づく交換取引を可能にするシステムであり、交換取引は財やサービスの所有権の移転を意味する。自由市場では、一物一価の法則の下で、価格が需要と供給を一致させるように働き、限界費用と限界効用が一致する均衡点を超えた生産を行えば、社会の総効用が低下する。そのため生産性の低い生産者は操業を停止する。その理論通りに展開すれば、輸出を軸とする後発国は低賃金労働力を活用した工業化戦略の下で急速な経済成長を遂げることになる。さらに産業イノベーションに基づいて経済構造の転換を行えば、高所得国へと発展することが想定されている。しかし、自由放任の市場原理主義では社会的弱者と他の社会成員との所得格差が大きくなる。それに対して、計画経済を導入する公有制の諸国では、情報の非対称性や価格統制により効率的な資源配分が行われず、過剰な公共財の供給が国民経済への負担につながる。

中国の場合、1990年代初期に社会主義市場経済政策を打ち出し、その後急速な経済成長を実現しながら「世界工場」へと発展した。このことから中国では、政府による介入さえなければ、どの経済主体も市場原理の持つ普遍的な優位性によって経済成長が実現するとの認識が広がった。新古典派経済学理論に立脚して経済効率を強調する研究者は、中国の農村・農業問題に対しても同様の認識を持っている。呉敬璉（1999）、厲以寧（2018）、張維迎（2018）を代表とする中国人研究者は、マクロ的に捉えた所得格差の原因は計画経済体制に潜む非合理性と不公正にあるとみて、市場化の推進が農業生産の効率化、農業の国際競争力と農民の所得向上、都市と農村の人口分布の合理化、農業生産の近代化をもたらすと考えている。しかし、彼らの主張は地域的特殊性や人口圧力、資本と技術の調達等について十分考慮しておらず、中国農業がおかれた自然的かつ社会的諸条件と国際環境を無視した理想論といえる。

新古典派経済学の自由市場主義を支持する意見に対して、同じく中国人研究者の郎咸平（2011；2015）や胡鞍鋼（1999；2005）等を代表とする機会均等と結果の平等の両方を強調する「反市場原理主義」の研究者は、マクロ的な観点から制度的要因に注目し、政府の果たすべき役割を強調した。そして、ミクロな観点から市場へのアクセスに恵まれない貧困層や孤立した層の困窮を解消しようとした。反市場原理主義者の多くは、市場の失敗と政府の役割を強調すると同時に、慣習法が優勢となる農村における農民の限界や官僚支配による弊害を批判している。しかし、彼らは経済を発展させるための明確な目標や方法を提出していない。市場原理に立脚する研究者と反市場原理主義者との論争は土地所有をはじめとする資源配分の方法に集中しているが、市場における公正な競争の維持や戸籍制度に基づいた既得権益の撤廃、格差の是正、権力の濫用防止等については見解が一致している。

原洋之介は、北東アジアや東南アジア諸国の経済発展は単に「市場の普遍的威力」がもたらした成果ではなく、産業化への適合性という基準からみて、むしろアジア諸社会の地域特性や伝統による影響が大きいことを指摘した（原、1995）。また、世界銀行（1994）によれば、北東アジアや東南アジア諸国の経済発展の成功要因について、安定したマクロ経済環境と国内・国際競争をもたらす法的枠組みの提供、教育や保健などの人への投資といった基礎的政策の実行を評価する見方がある。一方、北東アジア諸国の成功は新古典派のモデルに全く合致しないとの主張や、市場競争を重視しながらもマクロ経済の安定化や人的投資などの政府の役割も強調するマーケット・フレンドリー・アプローチ（market friendly approach）に合致していたことによるという評価もある。同アプローチは、政府が４つの機能（人的投資の確保、競争的な環境の提供、開放的な経済、マクロ経済の安定維持）を果たすことを条件とする（世界銀行、1994）。

世界銀行によれば、2003年時点で中国では約65％の農村世帯が兼業農家であったが、個人レベルでみれば兼業していた人の割合は３分の１に過ぎなかった。農村世帯における兼業化、収入[2]源多角化は、主に世帯レベルで起きており（世帯員がそれぞれ異なる部門の活動に従事）、個人レベルで兼業が広がった結果ではない。つまり、生産年齢人口の農外就労と高齢者の農業従事を意味し、生産年齢人口の割合が世帯収入の高さを決める（World Bank, 2008：75）。この傾向は、当時の農村世帯の就労と貧困の状況を表すだけではなく、農業従事者の高齢化と農業の将来的な衰退を示唆する。自由市場主義がもたらす中国農村の諸問題については、後述の第６章において事例を挙げながら説明する。

市場原理至上主義の新古典派経済学は、社会主義市場経済政策下での中国の工業化や経済発展過程だけでなく、1990年代以降深刻化する三農問題についても説明できていない。三農問題とは温鉄軍（1996）が初めて用いた概念で、メディアや政府に広く使われるようになった。2003年、中国共産党中央委員会が正式に三農問題を「工作報告」に記入し、以降中国社会の中心的な問題として捉えられるようになった。三農問題は農民の貧困、農業の立ち遅れ、農村の疲弊の３つからなるが、中国政府は３つの問題とも農村の産業化のレベルが低いことに起因すると考えている。低い産業化のレベルが農民の低所得をもたらし、都市との所得格差は拡大し、結果的に農村の疲弊と過疎化をもたらすという捉え方である。

中国政府が持つ経済社会を健全にコントロールするための能力と手法は未成熟であり、西欧型の市場経済を発展させることは困難だと考える原洋之介は、中国の農業・農村問題について次のように説明した。改革開放政策の実施によってみられる著しい増産と経済成長の原因は、中国の民間部門に商業活動を活性化しうる社会関係形成エネルギーが伝統的に備わっていることにある。集団化や人民公社という上からの強制的開発路線の重しがとれたことで、農村における個人や家族の経済的インセンティブが改善され、中国の伝統的な活力ある家族農業が息を吹き返した（原、1995）。つまり、中国にお

---

2）本書が用いる収入と所得の概念の違いは下記の通りである。まず、「収入」の概念は主に３通りに使う。①個人や組織がある期間に得る金銭の全般を指す。②稼得する金銭の種類を指して、例えば、労働収入・年金収入・農業収入・現金収入等のように用いる。③税金やコストを引く前の金額を指す。それに対して、「所得」は主に個人や家庭がある期間に得た実際の利益（純収入）や報酬を指す。調査した地域では年金保険と健康保険への加入は強制ではないため、本書が用いる所得の概念ではこれらの差し引きは反映されていない。
また、後述の「農業収入」は農業活動全体から得られる総収入を指し、農産物の販売以外には補助金や保険金からの収入も含まれる。それに対して、「農業所得」は農業活動によって得る実質的な利益であり、農産物の販売、農業労働による賃金収入、及び土地の賃貸による収入が含まれる。農業所得は農業収入から経費や補助金、保険金などを差し引いたもの（純収入）となる。

ける農業部門の改革は市場経済への移行というより伝統的市場への回帰であった。1990年代以降拡大する都市と農村の格差は、都市部に有利な初期条件と経済政策の下、市場化の過程で都市経済が農村の労働力、特に人材をはじめとする良質な資源を収奪した結果と考えられる。つまり、農村では自由放任の市場原理主義の下で、弱者の発展する機会が奪われた。

## 第２節　緑の革命的な大規模経営の導入の背景ともたらす問題

初期の社会主義計画経済モデルや経済発展モデルは、工業部門に優先的に投資を分配することで経済全体の成長率が高くなると想定している。農業は生産性の低い部門として投資の対象から除外され、投資は工業部門と都市に集中した。しかし、当時主流の開発モデルを採用した国は、一時的には経済成長や工業化を実現したが、やがて経済の停滞に直面した。黄季焜ほかが指摘したように、低生産性部門への投資を怠ると、部門間の乖離が拡大する(Huang et al., 2008)。農業部門の発展を軽視すれば、人口の大部分が開発プロセスから取り残され、貧富の格差が拡大する。技能教育等の人的資源への投資が不足すると、労働者による部門間の移動が困難となる。中国の農業の発展とその後の農村の停滞は、この主張を一部再現した。中国の改革開放政策は、小規模農家の生産性を上昇させ、食料事業を支えた一方、世界的な増産とグローバル化によって、農家の相対的貧困化が顕著となり、三農問題を引き起こす原因の１つになったと考えられる。また、農業部門への投資不足は三農問題を長期化及び深刻化させた。

1978年以降の集団経営の解体や請負制の導入により、中国の農家は生産の決定権と農産物の処分権の一部を獲得した。復活した小農経済は市場のシグナルに合わせたものになり、主な農産物の生産者価格の大幅な上昇が農業経済のあらゆる分野で生産を拡大する誘因を与えた（Ash, 2009)。こうして中国の農業部門は、生産責任制や農産物流通自由化、農業生産技術の改良により急速な成長を実現し、農村部の貧困削減に大きく貢献した。世界銀行によれば、1978～1984年における農業生産増加の６割、貧困削減の51％は農産物の生産や流通の制度改革によるものと推計されている。農村部の貧困人口比率は1981年の53％から2001年の８％へと大幅に減少し、全国の貧困削減の75～80％は農村部における貧困削減によってもたらされた（World Bank, 2008：26-40）。

1970年から2017年にかけて中国における穀物の生産量は約1.81億トンから約6.19億トンへ、年率平均5.0％の速度で増加している。主食価格の低下により、中国のエンゲル係数は1978年の57.5％から2019年の28.2％まで低下した。これにより都市労働者層を中心に生活水準が改善され、多様な消費が活発化した。こうして農業生産量の増加は、国民経済や産業の発展に大きく寄与した。

請負制の導入は農民のインセンティブを改善したものの、実際農民の負担を減らしたわけではなく、人民公社が支払っていた農業税を直接農民から徴収するようになった。周飛舟によれば、「中華人民共和国農業税条例」が廃止される2006年まで、農民が支払う農業税は国税・地方税・その他の各種費用の３つに分けられる。国税は収穫量の３～４％を占めるのに対して、「三提五統」と呼ばれる地方税の税率は国税の２倍ほどである。その内訳は、村民委員会の組織管理に必要な管理費・積立金・公益費、いわゆる「三提」と、郷鎮政府に支払う道路設備・教育・衛生・計画出産・社会福祉等の公共事業への負担、いわゆる「五統」である。その他の各種費用には、政府予算外の農村インフラ整備等の支出に対する負担が含まれる（周、2006）。各地では地方税と各種費用の税率が異なるが、中国の国家監察委員会によれば、農民が負担する農業税は収穫量の15.5～25.0％を占めている。また、地方財政の厳しい地域であればあるほど、農民の負担が重くなる。

1990年代以降の食料価格の低下と生産コストの高騰により、小規模生産を中心とする中国の農民は自家消費分と農業税を除くと、農業の収益がほとんどなくなり、生産意欲が著しく低下した。非農業経済の発展による雇用拡大の影響もあり、離農とそれに伴う農地の放置が急激に増えた。高橋五郎によれば、主要な穀物の生産が国内の需要の拡大に応えることができなくなり、2003年に中国は穀物輸入国に転じた（高橋、2020：89-107）。顕在化する食料不足に対応するため、中国政府は輸入を拡大した。安価な輸入品に対して、生産性の低い中国の農産物が市場での競争力を失い、中国の農業は低生産性・低収入・低投入・低競争力の負の循環に陥った。

農村の貧困削減に関して、改革開放政策の実施から1980年代前半にかけて農業生産と農民の所得が共に上昇したが、1980年代後半から1990年代初頭にかけて農村部の貧困者の割合は20～30%で停滞した。社会主義市場経済の推進に伴い、1990年代半ばに農村の貧困は減少したが、1990年代末以降から2000年代にかけて貧困削減は再び停滞した。一方、都市部の貧困削減は、1980年代からの20年間、農村部の2倍以上の速度で進展した（World Bank, 2008：46）。最低限の生存条件を欠くような「絶対的貧困」は軽減されつつあるが、世帯収入が全世帯の中央値の半分未満である人の比率を示す相対的貧困率が悪化している。これと同時に、農業部門と非農業部門、または農村部と都市部の間の所得格差が拡大した。食料安全保障問題と農民の「相対的貧困」問題の対策や経済構造の合理化の一環として、2000年代初期から緑の革命的な大規模経営が各地で推進された。

緑の革命は1960年代後半、高収量品種や機械の導入、化学肥料や農薬の大量投入といった近代的農業技術の普及による穀物生産量の著しい上昇のことを指している。アジアの経済発展過程における緑の革命を中心とする農業近代化の意義について、農業部門における技術革新の重要性を訴える大塚啓二郎は、農業・農村開発の位置付けが消極的なものから積極的なものに変化してきたという基本認識に立ち、北東アジアや南アジア諸国における農業近代化及び食料増産は経済成長を牽引したわけではないが、それを背後からサポートしてきたと評価した（大塚、2003）。緑の革命の効果について、大塚は次のようにまとめている。

1）食料増産の効果をもたらす。緑の革命によって、収穫量の向上が実現し、食料自給が達成された。1950～2000年の50年間の生産量は東南アジアで4.5倍、南アジアで3.8倍になった。食料増産の要因として、東南アジアでは生産面積が1.8倍、生産性が2.5倍になったことが挙げられる。つまり緑の革命による生産性向上が大きく貢献している。

2）経済全体に対する効果をもたらす。米価など主食の価格が低下すれば生活費が減少し、労働者階級が利益を得る。また企業にとっては労働コストの低減につながるため産業発展が刺激される。

３）「国際公共財」的特質を持つ。開発された近代品種は国境を越えて普及し、開発した国以外にも恩恵を与える。

４）階層や地域によって異なる裨益、損失をもたらす。「国際公共財」の国境を越えた普及（前項）によって、一部の富農や特定の地域だけではなく、小農、小作農も新品種を採用し、緑の革命から裨益する。しかし、近代品種は灌漑等の生産環境の有利な地域での収量増大効果がより大きく、普及率も高い。緑の革命の効果による増産の結果、食料の価格が下落する。

都市住民で食料消費者である労働者階級や労働者を雇用する資本家階級にとっては食料価格の下落は有利であるが、全体的にみると農民は損失を被る。特に近代品種を採用することが難しい、大規模化が図れない農家の生活水準が悪化する。大規模経営の推進に伴い、中国では都市と農村の格差だけではなく、生産環境や資金力に恵まれ大規模化に成功した農業企業・専業農家と小規模農家の間で所得格差が開き、農民の階層分化も進んでいる[3)]（金・謝、2020）。

また、農業の大規模経営の推進により、農業人口は急激に減少した。その一方で、都市化による向都移動は、農業経済から非農業経済への労働力の移行のペースと一致しなかった。都市経済が急速に成長拡大してきたにもかかわらず、移住を制限する政策による影響もあって農村に人口が滞留していた（World Bank, 2008：36-56）。この、農村人口の滞留は農業近代化を遅らせ、農業部門と非農業部門との所得格差を拡大させた。その後、国際的な食料の増産と価格の低下により、小規模農家を中心に農業所得が減少し、それが生産意欲の低下につながり、農民による都市の低技能、非正規雇用部門への就

３）本書における農業の大規模経営とは、2000年代以降中国の一部地域における大型機械を導入した農業生産のことを指す。３つある主な経営形態のうち、大規模化した専業農家と非農業資本によって設立される農業企業は、通常雇入れを伴う経営となる。第３の形態は次章で紹介する合作社であり、雇入れを伴うものと合作社の構成員である農民による生産の両方がみられる。

労が促進された。この相対的貧困は中国が抱える三農問題として表れ、先進国による技術移転や投資依存の経済からイノベーション主導型経済への経済成長モデルの転換と「中所得国の罠」からの脱出に支障をきたしている。

中国における単収向上型の技術普及による効果と経済発展に与える影響をみれば、三農問題は単に低い農業生産性に起因するものではないことが分かる。国内外における激しい競争のなか、戸籍制度によって移動が制限され、人口増加政策によって余剰労働力を蓄積してきた中国農村で大勢を占める小規模経営に対する保護・支援の不足こそ、相対的貧困を引き起こす主な原因なのである。緑の革命に関連する上記の諸問題については、後述の第7章において事例を挙げながら説明する。

## 第3節　軽視された農業生産の多様性

新古典派経済学は生産関数を用いて投入と産出の間の数学的関係を量的に計測し、それによって、各生産要素の生産性だけでなく、代替できる生産要素の組み合わせ、すなわち技術的関係も示される。しかし、生産関数は生産要素の配置及び調達の合意に至るまでの意思決定の方法や、経済活動が合理的に行われるための諸行動にかかるコストについて考慮していない。つまり、生産関数は生産性を表すが、生産関係を反映していない。特に農業に関して、地域ごとに異なる経営方式は気候や生産要素の賦存量などの生産条件だけでなく、生産者の間の協働をはじめとする様々な社会関係による影響を受ける[4)]。

また、生産関数は生産要素の賦存に基づくヘクシャー・オリーン・モデルの比較優位理論と技術的相違に基づくリカード型の比較優位理論の考え方を反映しているが、生産要素の代替関係と生産性だけでは経営方式と製品の多様性を説明できない。この点について、初期条件と経路依存性に立脚しながら、需要側の多様性選好と供給側の規模の経済に基づくポール・クルーグマンの産業内貿易理論（Krugman, 1979）は、2つの比較優位理論を補足する。産業内貿易理論の考えでは、水平的国際分業に基づき、製品の標準化だけではなく、同種の製品の多様化・差別化が進み、諸国間には同種の製品の貿易

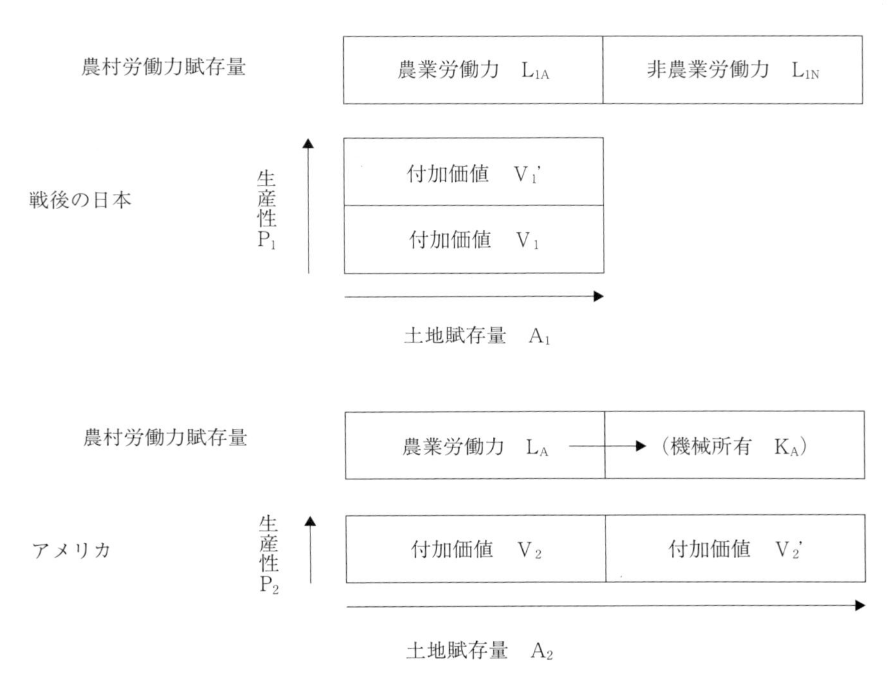


図2－1　比較優位と多様性選好による農業経営の多様化

（出所）筆者作成

がみられる。

伝統農業から近代農業への転換には大きく分けて、規模拡大に基づく効率化と、高付加価値化という2つの選択肢が存在する。大規模化は単位面積あたりの生産性の上昇を伴わない機械化、すなわち、単位あたりの生産コストを削減する方法であり、立地条件や人口条件、機械製造に関連する工業技術等が求められる。他方、高付加価値化は土地と労働投入による1単位あたりの生産性の上昇であるため、大規模化を図りにくい立地や人口条件において適用される。この場合、資本の投入は生産物の単価を引き上げるための品種

4）経営方式とは、生産手段の所有をはじめ、それに基づく分配関係と生産手段、労働力の組み合わせ方法を指す。

改良及び労働者の技能形成や普及に費やされる。また、生産コストを削減するために農業経営の組織化への努力が求められる。従って、異なる経営方式がある場合、同種の農産物でも多様化・差別化が発生し、それぞれ異なる生産関数が構築される。産業内貿易理論は生産関数の多様性を示唆している。

図2－1の示す通り、土地面積が狭く人口圧力の高い戦後の日本では、大規模な人口を養う必要があったため、伝統農業から近代農業へ転換する際、農業技術の開発は単位面積あたりの生産性の向上に集中する方法により、土地賦存量が少ないという不利な条件を克服し、生産総額の向上を目指した。そして、付加価値は農業従事者だけでなく、技術の向上と普及、農業サービスなどに従事する非農業労働力にも分配された。他方、土地面積が広く人口圧力の低いアメリカでは、所得の拡大は単位面積あたりの生産性の向上だけに依存する必要はなかった。より多くの研究や資金、時間が必要となる農業技術の改良と普及より、工業生産に基づく大型機械の導入による大規模化を目指したほうが合理的である。その結果、農家の所得向上はほぼ生産規模の拡大だけに頼ることになる。無論、日米における経営方式の違いにより、異なる農産物が作り出されるが、消費者の多様性選好に基づく産業内貿易により両方の経営方式が同時に成立する。日米における経営方式の相違と同様、中国とアメリカ、中国国内にも多様な経営方式が存在する。多様な経営方式を展開する可能性について、第7章から第9章にかけて詳しく説明する。

## 第4節　見落とされた農村の社会保障

これまでの開発経済学や中国経済研究では、資本・労働・土地など生産面の研究が中心で、経済発展過程を支える視点から社会保険・医療保険・年金などの社会保障、公的扶助などの社会的保護、つまり社会的再生産に関する議論が十分には行われていない。

1940年代、自己調整的市場の欠陥に注目したカール・ポランニーは、人間が市場から社会を防衛するための協力、そして社会政策と社会経済とを統合する必要性を訴えた（ポランニー、1975）。その後、アルフレッド・マーシャルは市民の教育と最低限の生活に関する権利が福祉国家の土台になることについて論じた（Marshall, 1950）。両者の主張をきっかけに、市民の社会的権利を守るには所得保障政策等を実施することが欠かせないという結論が導き出されていく。社会保障は、所得保障と医療保障の２つの柱から構成される。本書が注目する所得保障は、貧困の危機に陥る者に対して最低限の生活を保障するために経済的援助を行う制度であり、社会保障体系の一環として重要なものである。

社会保障体系を維持し発展させるためには、費用の問題を無視できない。これを細分化すると、社会保障は「誰が保護されるのか」「誰が支払うのか」「何をもって支払うのか」の３つの問題に分けられる。「誰が保護されるのか」に関して、氏原正治郎と江口英一は貧困の設定基準について、消費面の等質性に注目したうえで、異なる社会階層における貧困の属性と貧困現象の多様性の視点を提示した（氏原・江口、1956）。そして、岩田正美は、働けない貧困者に関する救済が容認される一方、働ける貧困者を社会福祉の内側に取り込む困難性を危惧し、「働ける」と「働けない」の境界線に関する経済尺度と社会尺度が曖昧であり、交錯していることを指摘している（岩田、2010：15-17）。他方、「誰が支払うのか」について、イエスタ・エスピン・アンデルセンは福祉国家の階層化と社会権のあり方に基づいて家族・市場・政府の組み合わせによって構成される３つの福祉レジームを勘案し、北東アジアや南欧を後発的な福祉国家と位置付け、「成熟した福祉レジーム」からいったん排除した[5)]（エスピン・アンデルセン、2001：８-38）。

末廣昭によれば、1980年代後半から民主化運動の高揚と国民の生活水準の向上への関心、1997年のアジア通貨危機を契機とする社会保障制度への関心、少子高齢化社会の急速な進展に伴う福祉国家戦略への関心を背景に、東アジ

---

５）当初、エスピン・アンデルセンが考えたのは、アングロサクソン諸国を代表とする市民の市場能力に応じた福祉の提供と政府による最低限の保障からなる自由主義福祉レジーム、欧州大陸諸国を代表とする家族による福祉の提供と政府による最低限の保障からなる保守主義福祉レジーム、スカンジナビア諸国を代表とする政府による福祉の提供の社会民主主義福祉レジームの３つに限定した。その後、批判を受けたエスピン・アンデルセンがオセアニア、地中海沿岸諸国、東アジア諸国を第４の世界として、上記の構想を改めた（エスピン・アンデルセン、2000：132-140）。

ア諸国の政府は社会福祉への取り組みを開始した（末廣、2006）。しかし、福祉に対する政府の非積極的な態度を背景に、集団優先、特に儒教主義の影響による家族依存が北東アジアの共通的な特徴となっている（グッドマン・ペング、2003）。大泉啓一郎が指摘したように、特に中国の場合は1970年代中期までの急速な人口増加と1970年代末からの人口抑制政策の導入により高齢化が急進しているだけではなく、中高年層の多くは人口ボーナスの期間中に工業部門に吸収されることなく、教育機会にも恵まれず、農業部門にとどまり続けた。この状況は高齢社会の負担を増加させている。従って、経済負担の観点から中国はエスピン・アンデルセンが考えた３つの福祉レジームに移行する余裕がない（大泉、2006）。このため、人間の安全保障の観点から多くの研究はコミュニティの役割に注目して、非金銭的な福祉の供給を含めて地域福祉の活用の重要性を指摘した（宮本ほか、2003）。新川敏光は福祉国家を超克する福祉レジームの再編を考慮する場合、コミュニティを加えることの妥当性を主張しながら、工業化のなかでその衰退と現代の社会福祉における「共同体的な契機」の重要性を強調している（新川、2011：11）。

上記のコミュニティの役割を主張する研究は、「誰が保護されるのか」、「誰が支払うのか」に関して明確な答えを持つ一方、「何をもって支払うのか」に関して明確な回答を出していない。その理由は、家族・市場・政府に比べ、コミュニティには安定的な財源やその拠出を維持するシステムが必ずしも存在しないからである。武川正吾によれば、地域福祉は21世紀の日本の社会福祉のなかで主流となっており、その展開はローカル・ガバナンスと密接な関係を持ち、行政と企業と市民が対等な立場に立って地域の問題の解決に協力し合うことである。つまり、武川による地域福祉は、地域の内部資源の効率的かつ持続可能な利用に向けての外部による人的・資金的・技術的協力を求める行為である（武川、2008）。従って、日本の地域福祉やアメリカのコミュニティ・デベロップメント、欧州諸国のコミュニティ・ワークなどの類似するいずれの概念においても、自主財源を確立しなければ、コミュニティは福祉機能を完結するシステムにならない（野口、2011）。

如何にして外部に依存せず、コミュニティに支払う能力を持たせるかという問題に対して、諸研究は明確に回答していない。商品も労働力も非農業部門市場に依存してきた農村コミュニティが自主財源を確立させるには、工業化と私有化のなかで衰退と縮小を余儀なくされてきた共有資源の再建と構築、つまり、伝統的な社会のなかから回答を探すしかない。その結果、そうした社会が直面しうる「コモンズの悲劇」を回避するシステムの設立が欠かせないことに至る。従って、自主財源の確保と並んで、賦存状態にある公有資源に対する利用制限と規則、組合の運営と責任、罰則を決め、利用者同士の争いを低コストで迅速に調停するなどの役割を、利用者組合が果たさなければならない（Ostrom, 1990：91–102）。

1980年代以降、経済の産業化と市場化の推進に伴い、中国の農村社会では個人がコミュニティから独立することによって地域社会の連帯がさらに低下した（Yuan et al., 2018）。伝統的な地域社会の規則、慣行のような諸制度の個人に対する拘束力と有効性が失われ、農村社会の社会的リスク、すなわち、病気や失業、高齢等によって収入が得られなくなることに対処する能力の低下が懸念されるようになった（Ma et al., 2018）。そのため、社会的リスクから住民の利益を守るためには、共有資源の創出と有効利用が欠かせないのである（Norris et al., 2008）。如何にして持続可能な生産福祉システムを構築するかは、地域社会の存続に関わる鍵となる。近年、中国では社会保障の提供におけるコミュニティの役割が注目されるなか、持続可能な福祉システムの構築に対して２つの可能性が指摘されている。１つは村民委員会が主導する全員参加という条件の下で実施する「半官半民」的なシステムである。所得調整の意味を持つこのシステムは、政府による所得再分配構造に類似している。実施するにあたっては、強力なコミュニティ経済によるバックアップが必要となる。もう１つは住民の自由参加に基づく互助組織である。この場合は積極的な住民参加以外に、システムの制度化と組織化、そしてそれを牽引するリーダーの役割が欠かせない（張、2020：203–205）。

中国の農村地域社会における連帯が低下した結果、コミュニティのメンバー、とりわけ若年世代が都市文化や個人主義の理念に共感を持ち、コミュニティへの忠誠を軽視する傾向を強めた（Wang et al., 2017）。このような社会環境のなかで、共有資源の利用に基づく協働を展開するには、彼らにも受け入れられる市場原理に基づく短期的取引、すなわち、賃金及び利益配分の規則化と明確化を導入しながら、共有資源の創出と利用に基づく生産福祉システムの構築が求められる。

新古典派経済学では、個人や企業などの経済主体による自らの利益に基づく行動の集合を社会的合理性と考えて理論を構成している。しかし、現実には、不完全競争による独占や寡占・情報の非対称性・外部性・公共財・不確実性などの制限によって市場原理が理想通りに機能しないことが多い。各々の経済主体が限られた環境・情報・範囲のなかで、経路に依存しながら合理的な選択を行う。その結果として、囚人のジレンマが示すように、限定的な範囲での合理性を前提とする各主体による選択の集合は必ずしも社会的合理性をもたらさない。さらに、マックス・ウェーバーが考案した目的合理的行為・価値合理的行為・伝統的行為・感情的行為の4種類の行為（ヴェーバー、1972：39-40）を考えれば、それぞれの行為は異なる多様な合理性に基づいているため、その集合を持って社会的合理性の達成に至ることは極めて難しい。

1990年代以降2000年代初期にかけて、それまでの普遍主義的収斂論の見方をする経済理論の代わりに、諸制度や不完全情報に基づくアクターの限定合理的な選択、取引コストに注目する新制度派理論が台頭し、発展の経路依存性と多様な地域特殊性を重視するアプローチが幅広く受け入れられるようになった（絵所、1997：162-172）。世界銀行は市場の役割を依然として強調しつつも、低コスト化や効率化などの市場経済への移行を普遍的に推奨したことを反省した。1980年代にラテンアメリカやアフリカで行われた構造調整と呼ばれる経済改革は、農協等の農民に生産財[6)]や農業金融、所得保障を提供していた公共機関のシステムを解体した。その結果、制度的欠如が出現した。そして、制度の再構築の遅れが特に目立つ小農中心の地域や条件の悪い地域について、土地権利の確定や慣習法的権利の尊重など、いわゆる新制度

---

6）生産財の概念について、経済学では一般的に生産活動を行う際に必要とする材料や部品、設備等を指す。農業経済学では、農業生産過程で使用される資源としての労働・土地・資本といった生産要素も含まれる。本書は農村社会学における生産財の概念を踏まえて、社会資本や自然資本、人的資本といった諸要素とコミュニティの社会的・文化的側面との結びつきも考慮する。

派理論的発想に基づく政策の実施が試みられた（World Bank, 2008：138-157）。この農村開発に関する考え方の変化が、中国農村土地政策の展開と農村研究にも影響を及ぼしたと考えられる。

近年では、中国の農業・農村問題について、新制度派理論の考え方や手法を援用する研究が経済学・政治学・社会学等の分野において出現している。これらの研究は、分析方法の有効性に関して検討する余地もあるが、これまでの研究と異なる視点からのアプローチを展開し、新たな問題提起と従来と異なる解釈を提示している。次章以降はこの新制度派理論を踏まえながら、諸制度と時代的背景を合わせた地域的文脈に沿って中国農村の発展の可能性について検討する。

# 第 3 章

# 農村の発展と社会環境

## —新制度派取引コスト理論からのアプローチ—

## 第 1 節　新制度派理論と本研究の相違点

本書は、政府の政策や法律などの制度が、明文化されておらず地域の歴史のなかで形成された慣習や行動規範等の広義の制度に合うように設定されなければ機能しないこと、つまり政策と地域文化との適合性に焦点を当てている。本章では、まずこの主張と新制度派経済学の考え方、すなわち広義の制度が取引コストを最小化するように人々の行動に影響を与えるという捉え方との相違について論じる。

新古典派経済学は各主体によるそれぞれの経済利益に基づく合理的な行動を想定しているが、実際には資源の利用と管理に関して、歴史的な過程で構築された社会的・文化的規範、いわゆる広義の制度が主体の行動を制約している（North, 1993）。また、関係主体は目標を共有し、その目標を達成するために協働システム、すなわち組織を形成する。野中郁次郎と竹内弘高はマイケル・ポランニーの「暗黙知（tacit knowing）」（Polanyi, 1966）の概念を踏まえて、個人の知識は共同化（socialization）・表出化（externalization）・連結化（combination）・内面化（internalization）の 4 段階を経て、組織的に共有され、より高次の知識を創造し、また、その新たな知識が新たな暗黙知として共有されると主張した（Nonaka and Takeuchi, 1995）。各々の組織は特有の構造、すなわち、コミュニケーション方法や自律性、メンバーの行動を規制するルールを持つ（Simon, 1997）。その結果、組織は個人の力を上回る能力を有し、個人では実現できない目標を達成することを可能にする。

組織はその目的達成のために適合した形態をとるという旧来の組織論に対して、新制度派は組織の存在する環境が主体の認識する正当性を規定し、その形態や行動を決めると考える。つまり、組織は合目的的機能性よりも、周囲の環境における伝統や社会規範、いわゆる正当性に従うとしている（Meyer and Brown, 1977）。従って、人々は条件を考慮したうえで行動するというよりも、ある状況に対する行為をパターン化することで対応する（Leblebici et al., 1991）。新制度派政治学も政治制度の独自性や政治現象の非合理性、つまり、行為主体の行動が必ずしも社会の変化に応じたものではなく、合目的的ではないと主張している。合目的的ではなく、固定観念から逸脱せず、既成の行動パターンに従う、いわゆる行動の固定性の形成要因については、歴史的制度論と合理的選択制度論の２つに大きく分けることができる[1)]（重冨、2005）。歴史的制度論は歴史的経緯の積み重ねにより作り上げられた制度が現在の社会のあり方を規定するというもので、いわば、経路依存性を持つという考え方である。合理的選択制度論は、自らの目標を達成するために合理的に行動する個人や団体が、取りまく制度に制約されながら、その制度を利用して意思決定を行う社会のあり方を論じるものである（ピータース、2007：37-38）。

新制度派は、人々が経済的合理性に従って行動するという前提を修正し、経済主体間の相互依存関係に基づく制度的な相違から派生する多様な合理性を認めているため、新古典派経済学より現実を反映している。しかしその一方で、理論の展開にあたって、制度が作る主体と主体が作る制度という因果性のジレンマ、つまり循環参照の問題が生じる。伝統や社会規範が支配するなかで、「逸脱」（deviance）が如何にして生まれ、新たな制度の形成につながるかについて、エミール・デュルケムのアノミー（anomine）、つまり無規制状態の概念を用いたロバート・マートンの「社会構造とアノミー」を参考に説明したい。

デュルケムは、『社会分業論』（The Division of Labor in Society）において、社会の進化と分業の発展に伴う社会的結合と規範の変化に焦点を当て、アノ

---

１）ピータースと重冨は規範的制度論についても言及している。規範的制度論では、制度の諸規範を制度が機能する仕方や個人の行動を決定する方法を理解する手掛かりとして用いた。制度を決定する歴史的要因と合理的選択の要因とは異なる性格を持つ。

ミーの概念を導入した。デュルケムは、社会が進化する過程での分業の拡大が、個人と社会の結合を弱め、アノミーを引き起こす可能性があると論じ、特に、機械的連帯性（mechanical solidarity）から有機的連帯性（organic solidarity）への移行に伴って、社会的規範が変化し、アノミーが生じると考えた。アノミーは、個々の人々や社会全体が、共有された価値観や規範に欠ける状態を指し、それによって個人や集団が方向を見失ったり、行動が不安定になったりする状態を表現する。アノミーは、特に急激な社会変化や経済的な不安定性がある場合に現れやすいとされている（デュルケム、1989：244-255）。アノミーに関連する要素として、①個人や社会が従うべき規範や価値観が希薄化または崩壊し、これにより、人々は適切な行動規範や社会的な期待に欠ける規範喪失状態、②個人が自分の役割や目標について不確実性を感じ、社会全体が混乱する不確実状態、③急激な社会変動や経済的な不安定性が人々の生活や価値観に大きな影響を与える社会変動が挙げられる。

マートンは、社会構造のなかで異なる地位を占める個人が文化的価値に適応する類型を提示した。均一的な文化的目標と制度的規範のなかで、人々の能力や採れる手段は異なっている。異なる条件下に置かれた人々は、目標と規範に対して支持・拒否・代替といった3種類の態度を選択することができる。選択肢の組み合わせによって、積極的な同調（conformity）と消極的に順応する儀式（儀礼）主義（ritualism）、また目標重視と手段軽視の革新（innovation）、社会の文化と規範を否定する逃避主義（retreatism）、既存の社会構造から逸脱して新たな目標や規範を築こうとする反抗（rebellion）といった5種類の人間が形成される（マートン、1961：121-128）。そのなかの革新と反抗は制度から生まれた「逸脱者」であり、制度からの圧力を受ける。しかし、歴史的事件の発生によって、現実社会と文化的規範により規定された利益及びそれを保障する体制との間に生じる矛盾によってアノミーが現れる。そして、逸脱者を統合した集団の拡大が逸脱的行動の社会的分布に実質的な変化を起こし、社会構造と文化的目標に変化をもたらす（マートン、1961：176-177）。その結果、制度と主体が互いに形成する循環のなかで制度が変革される。

20世紀初期から、近代国家の誕生・日中戦争・国共内戦・土地改革・大躍進・文化大革命・改革開放の導入等の激しい社会変動と経済的な不安定性を経験した中国社会は、価値観の崩壊と再建を繰り返した。伝統中国期の礼義道徳と文化大革命までの政治的思想による束縛が消えつつ、経済的成功が社会共通の目標となるなか、一部の農民はマートンがいう革新的な逸脱者となり、故郷を離れて起業し、経済的成功を収めた。2000年代後半以降、彼らの一部は「無規則状態」にある故郷に戻り、リーダーとして構造的な変化を引き起こした。

現実社会は新古典派経済学が想定する完全競争や完全情報の世界ではなく、情報取得・交渉・契約締結・契約執行・監視管理など種々の取引にコストが発生する。従って、各主体にとって経済行動は単に収入を追求するだけではなく、取引コストに対する考慮も行う必要がある。そこで、取引コストを削減するために制度が機能するというのが新制度派理論の考えである。無論、取引コストは経済的なものだけではなく、人間社会における文化的・政治的・社会的・法律的な面における多様な交渉と取引も含まれる。オリバー・ウィリアムソンによると、コスト削減のために主体が検討した様々な装置が制度であり、組織の形成後、その運営に関連する規則及び取引慣行のすべてが取引コストを節約する合理的な選択となっている（ウィリアムソン、1989：7-35、127-164；Williamson, 2002）。

組織による合理的な選択という新制度派経済学の考えは、新古典派が主張する「合理的な経済人」の延長または修正とみなすことができる。また、ウィリアムソンの「組織の合理的選択」に立脚する取引コスト理論に対して、「組織の形成は、それによって取引コストの節約が可能になるから」、「取引コストの節約は、組織が形成されたから」というトートロジー、つまり同義反復の傾向が指摘されている（磯谷、1994）。ウィリアムソンによる企業の選択についての考え方は、市場及び公共政策の変動を考慮せず、外部条件を一定とみなして内部組織の合理性を静態的に検討したものである。このような論理展開により現状を解釈することは可能であるが、「現状は最も合理的である」という判断の妥当性を確かめる方法はない。例えば、生産物の最大可能な産出量を表す生産関数は、生産要素の投入量と限界生産性を示す。しかし、それをデータ取得時における資源配分の最適な状況と認識すると、上記のようなトートロジーが発生する。また、クロスセクションデータを用いる計量分析の多くは同様の問題を抱えている。以下では、こうしたウィリアムソンの研究と本書の相違点を説明する。

まず、分析方法に関して、本書は静的な状態を表すクロスセクションデータを用いた統計分析ではなく、数年にわたって実施したフィールド調査の資料に対する分析である。資料は10年以上にわたる時系列的なものであるため、中央または地方の政策や各主体の行動による影響を因果的に検討することができる。

また、本書の研究目的は、食料安全保障と農業生産性の向上を目指す中国政府による一連の政策の展開と、農民の経済的・社会的合理性に基づく行動との適合性を分析することである。農民は、コストを差し引いた所得の最大化を図るために合理的な行動を選択する。しかし、農民の選択は必ずしも食料安全保障と農業生産性の向上という政策的目標につながらない。政策の有効性を高めるためには、対象地域の広義の制度、つまり文化的規範に合わせて実施内容と方法を設定しなければならない。本書は、地域の広義の制度とそれに基づく農民の行動を経路依存的な条件として、政府による「外部的な」政策の実施効果を検討し、最終的に調査対象地域にとって適した経営方式を模索したい。

以上の考えを踏まえた本書は、農民の合理的選択の側面から異なる経営方式の結果を分析し、外部から土地と農業をはじめとする諸政策の妥当性を検討するため、取引コストの概念を援用しながら上記「トートロジー」の問題を回避する。次節以降では、取引コストの概念を援用する妥当性と援用の方法について説明する。

## 第２節　農業経営の組織化に関する検討

世界銀行によれば、多くの途上国の農村部では、個人の合理的選択が社会全体における資源の効率的で最適な配分につながっていない。その原因は情報の不完全性や情報へのアクセスの不均等、高い取引コストや外部性といった市場の失敗、公共財の不十分な供給といった政府の失敗が合わさったことにあるとされる。取引コストや情報の非対称性が農村世帯の個別戦略に影響し、資産の賦存状態や情報の入手条件によって資源利用の効率性や世帯の厚生に格差が生じる（World Bank, 2008：82）。小規模農家における高い取引コストと弱い交渉力の問題を克服するため、世界銀行は小規模農家を高付加価値チェーン（high-value chains）につなげる3つのアプローチ、すなわち、リーダーによる小規模農家連合（group of small-scale growers）、協同組合（cooperative 中国では合作社[2)]）、スーパーマーケットによる農家支援を提示した（World Bank, 2008：129）。

ただし、いずれのアプローチにおいても地域のガバナンス能力が問われる。途上国が農業近代化において直面する問題の解決には、新制度派経済学的な意味での制度の発達を促すような介入が必要である（Dorward et al., 1998；Kydd and Dorward, 2001）。グローバル化する世界経済に参加し、その恩恵を受けるための前提となる技術的・制度的条件が必要と主張するKyddは、多くの小農地域に埋め込まれている制度の欠陥に対して十分な注意が払われていないことを指摘した。また、制度の欠点による小農に対する市場アクセスへの制限について、国及び地方自治体など公共部門による農業試験研究への投資を促し、取引コストを低減させるための生産者組織・住民組織の育成の重要性を訴えている（Kydd, 2002）。これらの研究が用いる取引コストの概念には、情報取得のための費用も重要な一部として含まれている。それに対して、人間が土地に強く結び付き、コミュニティのなかで集団生活を営む北東アジアの稲作地域において、取引コストは情報アクセスに関するものではな

2）1950年代初期の農業生産合作社は、農民が農繁期の労働力配置のために自主的に結成した小規模な相互扶助の組織であった。大島（2013）によれば、1980年代初期の人民公社の解体に伴い、国有機関の農産物買い付け部門の後退により、農村の流通システムに空白が生じた。このため、農産物の流通過程における効率化や資金調達問題の解決を目指して、2006年に「農民専業合作社法」が公布され、生産と販売において個別経営に分散した小農経済の組織化を図った。合作社には、技術普及協会と政府機関が主体となり、技術普及を目的とするもの、供銷（買取と販売）合作社が主体となり、農産物の流通を担うことを目的とするもの、農業企業または専業農家が主体となり、大規模生産を行いながら、一部の生産過程を零細農家に有償で提供するものがある。

く、むしろ交渉・契約締結・契約執行・監視管理等に集中している。つまり社会関係に伴う消耗の意味を強く帯びている。

小規模農家による稲作を行っている日本では、地域農業組織論の展開が1970年代から始まり、1980年代には生産性の高い農業を目指すことが、農政の基本的方向として提起されるようになった。地域農業組織について、青柳斉は地縁性を基本的契機に地域主体によって形成された管理・調整組織と考えている。それは経営構造や組織の目的によって経済的性格も異なり、村や協同組合等のように様々な形態をとっている（青柳、1999）。農業経営の組織化の実現にあたっては、作物の選定や作付けの団地化、地力の維持、農地の権利及び利用関係の調整、農作業の効率化、地域資源の活用等における諸活動や合意形成が検討されている（木村、1993）。

これまで日本の農業経営の組織化に対する研究は大きく分けると、２つの側面で行われてきた。１つ目は生産財の集団的利用の目的と効果に関するものであり、主に生産性に関する検討である。それは一定の範囲内、通常は集落単位の全戸参加を前提とする農地の団地的利用で、用途別に区画された農地に対して計画的な組織経営を行うものであり、構成員の体力と能力に応じて役割を分担し、共同生産及び共同販売の下で、機械の共同利用と作業の共同化によってコストの低減を実現するものである（永田、1993）。鳥越皓之によれば、個々の家単独では実行できない田植えや収穫、用水の管理等は協働によって行われ、人々が安定的な生活を送るには家々の連合が常に必要であり、村落における協働は単なる労働力の交換ではなく、単独労働を上回る価値を作り出す共有と分配という意味を持つ（鳥越、1985：54-85、121）。つまり、日本の村落社会における資源の共有は、個人にも政府にも管理されない財産に対する利用と管理だけではなく、労働力を共有化することによって道路や用水路等の公共財を作り出した。それに基づく集団的土地利用は、零細分散錯圃制[3]を克服し、土地利用型農業における生産性の向上を実現してきた（長濱、2007）。

２つ目は組織の形成と維持に関するものである。研究の共通点は、取引コストという概念を中心に据えていることである。ウィリアムソンによれば、市場と組織は代替関係にある取引様式であり、それぞれの取引コストを比較して取引様式が選択される。参入と退出が自由で、短期的な取引である市場活動に比べ、組織は参入と退出が制限された長期的なシステムであり、市場原理が十分機能していない場合、組織化のメリットはより顕著になる（ウィリアムソン、1989：241-242)。ただし、人間の限定合理性と機会主義的行動により、利害関係者同士による交渉取引が必要となり、それに伴い取引コストが発生する。本来、制度の発達による経済発展促進的な経路とは、取引コスト低減に貢献するような、漸進的な制度的イノベーションであるとされるが、ダグラス・ノースが指摘したように、制度の主な役割は人々の相互作用にとって安定的な構造を確立し、不確実性を減少させることである（ノース、1994：7）。従って、組織は必ずしも取引コストを削減するためにデザインされるのではなく、政治的権力とつながっている利益集団は、自身の利害に基づいて制度を修正し再構築するかもしれない。この場合、とりわけ短期的な利益は、独占や課税等の取引コストを押し上げる契約制限的な手段によって達成される可能性がある（Kydd, 2002)。

日本の農業経営に関して、石田正昭と木南章（1987）は協力関係が土地の組織的集積をもたらし、競争関係が土地の個人的集積をもたらすという点に基づいて、合意形成と組織維持に関するコストの高さが組織化を制約すると説明した。木村伸男（1993）はより具体的に、農業経営の規模拡大を、個人的方法と組織的方法に分けた。それによると経営者は個別化コスト（個別実現化コストと個別管理コスト）と組織化コスト（組織実現化コストと組織管理コスト）を比較し、利益の高いほうを選択する。

農業経営の組織化に関する以上の２つの研究のうち、本書は２つ目の取引コストに関するものを発展させようとするものである。ただし、農業経営の方式に重心を置く木村（1993）と異なり、取引コストによる結果に関心を持つ本書では、諸コストを支払う主体とその目的に注目して、取引コストの概

---

3）零細分散錯圃制とは、農民の保有する耕地が各所に分散する零細な耕地片から成り、他人の耕地と入り組んでいる所有と経営形態のことである。この分割方法には気象災害時におけるリスク分散や土地を配分する際の不平等性を避けるメリットがある一方、機械化及び大規模化しにくいというデメリットもある。

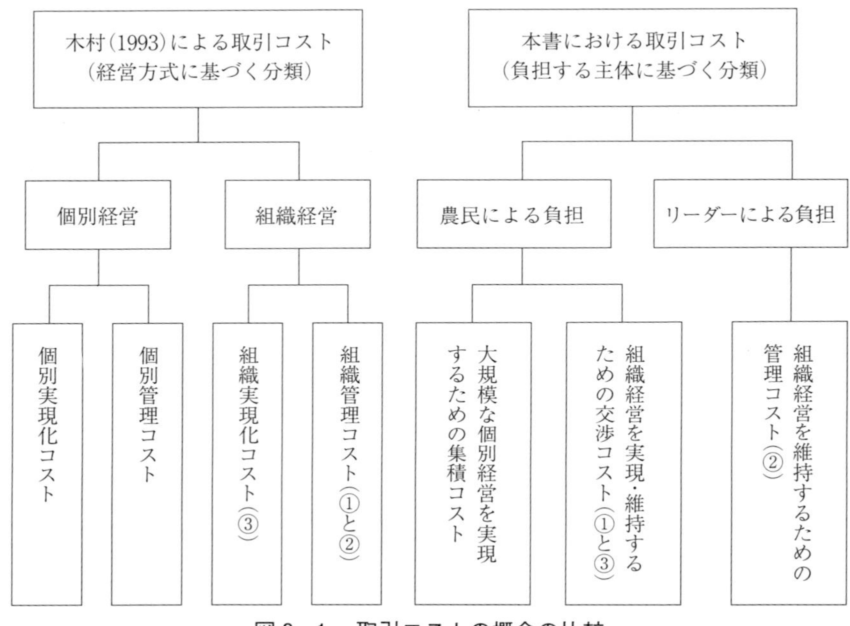


**図３－１　取引コストの概念の比較**

（出所）筆者作成

念を再構築した（図３－１）。木村は個別実現化コストを個人的な取引を可能にする際に発生するコストと説明したが、本書ではより明確に大規模化を実現するための交渉に伴うコストを「集積コスト」という概念を用いて定義する。一方、木村のいう個別管理コストとは個人的取引やその特異性によって発生するコスト、いわゆる探索コストのことである。本書は具体的な農業経営に関する研究ではないため、ウィリアムソンによる利害関係者同士による交渉取引の考えに重点を置き、個別管理コストについては考慮しない。

組織化に関連するコストについて、木村は組織実現化コストを交渉・調整に必要な期間と難易度で測り、組織管理コストを土地生産性の不均一や過剰投資、悪平等による労働の非能率性等の社会生活的要因で測った。それに対して、労働の非能率性に注目する本書では、木村の組織管理コストを、農業組織設立後、働かずに利益を得ようとする農民のフリーライドや非協力、共有財産の不適切な使用と管理等による協働への妨害を防ぐための①住民同士の監視・交渉に伴うコストと②リーダーによる管理コストに分けて、①を農業組織設立までの③組織実現化コストと共に、農業組織の実現と維持のための地域住民による「交渉コスト」という概念にまとめた。そして、農業組織を維持するために②リーダーが自らの権威を用いて住民の行動を制限するために必要な負担を「管理コスト」と名付け、木村の組織管理コストから分離した。

組織を形成するための交渉コストに関して、木村は交渉の回数、合意に至るまでの時間や組織化が困難と思われる理由に対する集計で測った。しかし、調査結果に対する抽象化・概念化の作業は十分とはいえず、地域全体の意見を反映しているものの、属性が異なる農民のニーズの分析や、概念と概念の間の因果関係に対する分析には至らなかった。組織の維持に必要な交渉コストについては、本書でも計測を行うことはできない。この点については、今後の研究に委ねることとする。

## 第3節　取引コストに基づく経営方式の選択

規模の経済を求めて生産者は大規模化を図るが、土地の所有権の移転が制限される場合や自然条件によって大規模な農業生産が実現できない場合は、生産の組織化が望まれる。組織化は一定の範囲内において計画的な共同生産を行うものであり、組織に参加する生産者が異なる役割を分担し、共同生産と共同販売の下で、機械の共同利用と作業の共同化を行う。経済資源の集団的利用に伴う互酬的な相互行為は生産者にとって公共財のような役割を果たすため、生産費用を節約できる（金、2021）。

農産物が単一品目の場合、大規模化によるメリットが顕著であるのに対して、小規模多品目の場合は共同生産が作物の高付加価値化の実現に強みを発揮する。ところが、実際に農業生産を行う場合、生産財の調達以外に、生産者は取引コストを考慮しなければならず、生産財の取引や生産における協働にあたって、他者の同意を得るための「交渉コスト」、組織化の場合はリーダーが負担する「管理コスト」が必要となる。生産者が大規模化と組織化の間で行動を選択する場合、次のような選択をすることが予想される（図

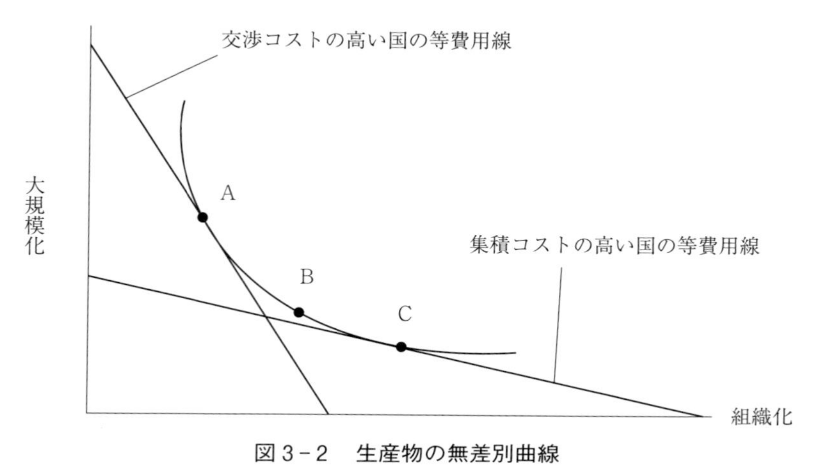


**図3－2　生産物の無差別曲線**

（出所）金湛「所有、組織、規模：“三権分置”政策に対する考察」（『ICCS 現代中国学ジャーナル』第13巻第2号、2021）

3－2）。

例えば、ある村で4戸の農家がそれぞれ1ヘクタールの土地を所有しているとする。1ヘクタールあたりの生産物は1単位となり、1戸が集積コストを負担して大規模生産を行っても、各戸が個別で生産しても生産物の合計は不変と仮定する。ただし、個別経営の場合は機械等の投資にかかる費用を最小化するために組織経営を行うこととする。図3－2は1戸あたりの経営規模と経営者の数の組み合わせである。Aは1戸による大規模経営、面積は4ヘクタール、Bは2戸による中規模共同経営、1戸あたりの面積は2ヘクタール、Cは4戸による小規模共同経営、1戸あたりの面積は1ヘクタールである。A・B・Cの生産物の量は同じであるため、これらの点を結んだ曲線は無差別曲線となる。図3－2は組織化と大規模化との代替関係を示している。

大規模経営を行おうとすれば、他の農家から土地を調達する必要がある。その場合、土地の代金以外に、権利の移譲をめぐる様々な交渉が必要となる。購入の場合、交渉は一度の売買で終了するが、借地の場合は契約更新ごとに交渉が発生する。ここでは土地の集積に関連する交渉コストを「集積コスト」と称し、金額に換算して、1戸あたりの単位集積コストを1万円と仮定する。単位集積コストと交渉する相手の数と契約更新の回数の積が合計集積コストとなり、式で表すと下記のようになる。

合計集積コスト＝単位集積コスト×交渉相手数×契約更新回数

他方、組織経営を行う場合、他人によるフリーライドを防ぐ農家同士の交渉や監視がしばしば発生し、それに伴うコストが生産を行う際に必要となる。ここでは組織経営をめぐる交渉と監視によって発生するコストを交渉コストと称し、年間１戸あたりの単位交渉コストを千円と仮定する。単位交渉コストと交渉する相手の数と生産年数の積が合計交渉コストとなり、式で表すと下記のようになる。

合計交渉コスト＝単位交渉コスト×交渉相手数×生産年数

Ａの場合は、契約更新がなければ初年度のみ３万円の集積コストが生じるが、交渉コストはかからない。Ｂの場合は、初年度に２万円の集積コストがかかり、毎年２千円の交渉コストがかかる。Ｃの場合、集積コストはかからないが、毎年４千円の交渉コストがかかる。従って、長期経営を行う予定がなければ、経営者はＡを採択しない。また、Ｃは簡単に開始できるというメリットを有する一方、上記の例では８年以上経営を行えば、Ａのコストを上回る。ここから以下の結果が予想される。

合計交渉コスト＞合計集積コスト

の場合、農家は大規模化を選択する。逆に、

合計交渉コスト＜合計集積コスト

の場合、農家は組織経営を選択する。

従って、第２章の第３節で言及したアメリカと日本の農業経営方式に関し

て、労働力賦存量と土地賦存量による相違はもちろんであるが、アメリカのように市場原理の機能を高めるような制度化が進んでいる国では集積コストが低く、日本のように農地の取引を厳しく規制する国では集積コストが高い。日本の場合、とりわけ稲作地帯は村落の共同体が機能することによって交渉コストを低く抑えている。日米両国では交渉コストと集積コストが異なるため、異なる等費用線が描かれる。その結果、アメリカは大規模経営を選択し、日本は小規模私有制に基づく組織経営を選択する傾向がみられることを説明できる。

社会組織は、それを取り巻く環境が与える社会規範に規定されてその形態や行動を決める。社会環境は、社会の基礎単位である個人の様々な欲求を喚起しながら社会の秩序を保つために個人の欲求を抑制する価値を個人に与える。現在の社会のあり方は歴史的経緯の積み重ねにより作り上げられていることから、経路依存性を持つ。そして、個人は情報と行動が制限された環境のなかで合理的な選択を行う。

前述の通り、取引コストの高い社会環境では、大規模な経営方式が適しているとされる。しかし、第1章で述べた通り、ルイス転換点を通過しておらず、経済的弱者が伝統的な農業に従事する農村では、大規模経営の展開は不可能である。このような地域では、どのような経営方式が有効であるかについて、本書は全体を通して論じていく。また、フィールド調査から得た時系列データや資料を用いて、本書は農民が文化的規範による制約を受けながら、諸条件に応じて自らの利益に基づく合理的な行動を分析し、諸政策の妥当性を検討する。以上の研究目的と研究方法により、本書は新制度派経済理論における「トートロジー」と指摘される問題を回避することになる。次章では制度的視点から中国農村の社会環境の特殊性を捉え、農民の行動原理[4)]と

---

4）人々の行動を規制しようとする制度的規範に対して、人々は自らの行動原理を持って対応する。行動原理は、人々の心理的要素によって決められた行動に関する根源的な信条であり、目標達成のための手段と責任やリスクへの対応方法の指針となる。社会変動に伴って人々の価値観が変化するが、文化的規範に拘束される行動原理は簡単に変わらない。

リーダーの役割について考察する。

# 第4章

# 農村社会の秩序とリーダーの役割[1)]

## —社会行動原理からのアプローチ—

## 第1節　農村社会におけるリーダーの役割と支配の実態

農村の社会秩序の形成においては、まず自然環境による影響が考えられ、自然資源の利用と管理に関連して広義の制度が構築される。また、これらの制度は、人々の生産と生活に影響を与える。そして、土地などの自然資源が相対的に希少であるアジア諸国では、人間が一定の土地に結び付き、定住コミュニティを形成する。経済組織としてみた時の農村コミュニティの役割は、資源を枯渇させず、すべての成員が生存を維持できるように各メンバーが自発的に協力することにある（Kawagoe et al., 1992；Platteau et al., 1998）。このようなコミュニティでは、協働関係を形成するだけでなく、フリーライドを発生させないような社会制度が発達する。そして、集団が活動するために社会的規範や組織を動かす者、つまりリーダー[2)]が求められるようになる。

中国農村のリーダーの役割は倫理・道徳・文化の維持（梁、2000：47-76；費・呉、2015：31-42）、公共サービスの提供（李、2015；曹、2000；呉、2001）、ガバナンスの維持と強化（重田、1975：155-206；山田、2020：85-106）、資源管理と経済活動の実施（田原、2006；龔・鄭、2019：山田、2020：63-84）の4

---

1）本章は「農村社会の行動原理とリーダーの役割：中国湖南省橋村の事例」（『アジア研究』第69巻第4号、2023）の一部を加筆修正したものである。

2）本書が考えるリーダーとは、目標の達成に向けて高い能力と人間的魅力で人を惹き付け、自らの信念の下で責任を持って勇敢に行動し、組織を率いる能力を有する者の総称である。1949年以降の中国では、一部のリーダーが共産党の幹部として抜擢され、本書ではそれぞれの時代的背景と役割に注目して、政治幹部または経済幹部と称する。また、ここで言及する強いリーダーとはカリスマ的支配型リーダーのことを指す。

つに分けられる。どの時代においても、常にカリスマ的な強いリーダーを求める傾向が中国農民の特徴として指摘されている（龔・鄭、2019）。

伝統中国期においては、「礼」によって社会の秩序を守る儒教思想の下で郷紳や士大夫といった地主階級知識人が「文化的権威」として人々の理性を代表して社会の秩序を維持する役割を果たしていた（梁、2000：71-73）。1949年以降、政治的権威である共産党の農村幹部は郷紳に代わって指導と権威の代表となった（田原、1999：14）。しかし、改革開放政策の実施以降、人民公社の管理体制が解体され、農村社会は経済と政治におけるコントロールの喪失状態に直面した。

1987年以降、国家の行政権と村の自治権の分離が進められ、選挙に基づく「村治」の下で、村民委員会には強い自治権が与えられた（于、2001：309-437）。それを背景に、中国農村の生産・生活基盤の開発は安定的な財政収入を持たない村レベルに支えられているため、農村のリーダーには財源を確保する役割が求められるようになった（孫・仝、2020）。特に、農業税の廃止により安定的な財源が失われ、国家の開発プロジェクトに資金源を依存する村にとって、財源を確保する役割に対する期待はより大きくなっている。つまり、中国農民がリーダーに求める役割はより経済目的に集中するようになった。所得向上を目指す農民と地方政府は、広い視野や豊富な経験、優れた経営手腕と判断力を持つ起業家を代表とする「経済的カリスマ」に対して期待を寄せた。

1980年代後半以降、リーダーを務める経済幹部の働きは、中国農村の経済発展に大いに寄与した。しかし、地域によって経済幹部の働きや農民との関係も異なっている。そのなかで、一部の起業家は農民と地方政府の期待に便乗して、自らの富を拡大するために村を管理する権限を手に入れようとしている。賀雪峰によると、近年経済幹部による農村ガバナンスは不可逆的な現象となっており、例えば、浙江省では2011年までに村民委員会の3分の2の役職が起業家に占められている（賀、2011）。同研究は、農村地域を経済発展が進んでいる沿海型農村、豊富な天然資源を有する資源型農村、農業を中心とする農業型農村の3つに分けているが、農民の経済幹部に対する態度はタイプによって異なっている。沿海型農村では村民が経済幹部によるガバナンスの必要性を理解し、彼らが不正行為を働いたとしても一部容認するが、彼らに対する協力は消極的である。それに対して、天然資源を有する農村では、農民は幹部就任後のリーダーによる資源の恣意的な管理と処分を危惧しており、また彼らが経済利益を狙うために選挙で行う不正に対して強い不満を抱いている。他方、農業型農村では、経済幹部に対して農民は彼らの個人的財産や経営しているビジネス、人脈等に関心を示し、村の経済発展や福祉の向上のために、彼らを支持し、期待している（賀、2011）。

非農業産業が発達しない農業型農村では、起業家のほとんどは農村を離れて起業している。従って、故郷にいる農民はそのビジネスに関わる資源とは無縁であり、それを利用することは困難である。また、起業家が故郷の福祉事業のために私財を投じることへの農民の期待も非現実的である。実際のところ、経済幹部の多くは村のガバナンスを通じて、自らの権威を樹立し、農民に経済的な利益を与えると同時に、一般農民の政治への参加を排除している（趙・林、2010）。滝田豪は、重慶市では民衆が陳情する原因の70％は村幹部の腐敗であることを取り上げ、幹部による独裁的な支配が市場経済の浸透と共に消滅することはなく、むしろ農民の信頼を得た起業家たちが党政幹部としての権威を手にして支配を行い、公有財産に対する収奪や農民の権益への侵害が多発していると指摘している（滝田、2009）。

中国における幹部の腐敗は農村にとどまらず、全国に及んでいる。中国共産党中央紀律検査委員会、中華人民共和国国家監察委員会の2021年6月28日の発表によれば、2012年12月から2021年5月にかけて、幹部の汚職事件の立件数は385万件、処罰者数は408.9万人、374.2万人が共産党紀律違反で処分された。また、立件された幹部のうち、省部級（中央官庁と各省の長、同じ職階の扱いをする共産党と軍の幹部）は392人、庁局級（中央官庁の外局と市級行政機関の長、同じ職階の扱いをする共産党と軍の幹部）は2.2万人、県処級（中央官庁の外局の下位機関と県級行政機関の長、同じ職階の扱いをする共産党と軍の幹部）は17万人、郷科級（県処の下位機関と郷鎮級行政機関の長、同じ職階の扱いをする共産党と軍の幹部）は61.6万人となっている。2012年末の708.9万人の公務員総数と3,000人前後の省部級、約5万人の庁局級、60万人の県処級、100万人未満の郷科級の幹部の人数規模を考えると幹部の汚職は広範にみられるといえよう[3)]。

これまでの多くの研究は、中国の農民がカリスマ的なリーダーを求めるのは、彼らの単なる限定合理性に基づくパターン化された選択の結果であり、いわば、農民はカリスマの作用を過信していると論じてきた。つまり、制度的制約を受け、農民はリーダー個人の才能と人脈を重視するがゆえに、義務と責任に対する認識が欠落したリーダーを選んでしまうとの見方が多い。つまり、カール・アウグスト・ウィットフォーゲルが『東洋的専制主義』において主張したように、長期にわたる隷属的な支配構造のなかで、中国農民には意思決定する権利を与えられておらず、常に服従と忍耐を強いられてきた状況となる（ウィットフォーゲル、1961：120-161；張、2016：７-10）。また、中国社会の隷属性を否定しつつも、農民の行動と制度的制約との関係を主張する研究も多い（例えば、徐、2012；徐・趙、2014）。筆者は、これらの議論が中国農民の能動性と行動原理の合理性に対する考慮を欠いていると批判的にみている。

2006年以降、農業諸税の廃止をはじめとする農村優遇政策の実施に伴い各種政府資金が農村に流入し始めた（田原、2018b）。しかしその一方で、自らの経済利益を重視しながらもリーダーよる経営・管理に非協力的な農民は、村単位で組織的な経済活動を行わない限り、政府資金を有効に利用することができない。従って、社会的規範の下で、村の経済活動に必要な組織を動かすリーダーの役割が求められる。強いリーダーを求める行為は、中国の農民が地域において組織的な経済活動を円滑に行うための必要条件として認識しているためと推察される。

---

3）中国では各レベルの幹部の人数が公表されておらず、本書は上海市の政府系新聞『第一財経日報』の記事「官員晋昇路線図」（2013年７月２日）を参照した。また、幹部の範囲には各レベルの政府部門・共産党機関・中央官庁の所轄機関・国有企業・国立大学が含まれる。

## 第2節　中国農村の社会関係と社会関係資本

北東アジアにおける伝統的農業地域、とりわけ稲作地域の人々は、コミュニティでの共同生活のなかで土地整備や用水路整備等の活動を営む際、協働関係によりコストを削減している。田原史起は、異なる親密圏に所属し、時には面識のない者同士を橋渡しして、協調行動をとらせる力を「まとまり＝団結資本」と呼んでいる。団結資本は個人または家族だけで達成できない目標に到達することができ、人々が求める社会関係資本[4]である（田原、2019：62-66）。しかし、団結して協働することは法律や道徳規範の下で、人々が一定のルールに則って行動することを前提とする。共同生活のなかで生じるフリーライド等の行為は利益を不適切に受領し、団結を破壊する。従って、コミュニティのなかで他人のフリーライドや非協力等、労働の非能率性を解消するための交渉コストや管理コストが高ければ、団結資本の構築が困難となる。

農民が団結しないことは、中国農村の組織的な生産活動を妨げる要因としてしばしば取り上げられてきた。費孝通によれば、欧米の個人主義とは異なり、中国では「己」が中心となる「自我主義」により、自分との関係の親疎に応じて人間関係を序列化し、差別化したうえでまとめる形のネットワークを構築する。農民は土地を利用しながら自らの力で生活しており、自然災害のような突発的で一過性の非常事態が発生した時以外は仲間を必要としない。従って、他人との関係の重要性が低い。人々は状況に応じ、それに見合う程度の結合を必要とするが、必ずしも広範囲に及ぶ恒常的な組織を必要としない。それゆえ中国における農村社会のネットワーク構造は集団的な構造配置ではなく、個人間の関係によって構成されている（費、2012：39-48）。この「差序格局」（差序的な構造配置）は、中国社会の特徴を捉えた社会学と人文学の概念であり、中国人の社会関係を説明する際、幅広く用いられている。

---

4）ここでいう社会関係資本は農村ガバナンスを円滑にするための非物資的資源のことを指す（田原、2019：62）。

また、中国社会の行動原理について翟学偉は、中国人の利益交換の論理に基づく個人の行動は、物や資源、あるいは贈答行為により生じるだけでなく、感謝と怨恨への反応から生じる「報恩」と「復讐」の視点が欠かせないことを指摘している（翟、2019：82)。つまり、中国社会では、人々は他人の行為に示される表面的な友好または敵対の意味よりも、物的な価値の移転において相手の行為に込められた感情的な部分を汲み取り、感情的に対応する。この利益交換に伴う感情的交流が、私的関係をより強固なものにする。中国社会は、契約に基づく普遍的な信頼、または、共通する価値と規範に基づく団結ではなく、私的な感情と信頼、利益の共有に基づく私的関係でつながっているのである。

田原が指摘したように、中国の農村における社会関係は、強い共同体関係を有する互酬的な日本の村落と異なり、一部の構成員による共通の利益に基づく「合理的、打算的」なものである（田原、2001)。共通する理念や規範、原則に基づく普遍的な団結が欠如していると、「まとまり＝団結資本」の構築は極めて困難となる。また、団結資本ほどの効果を発揮することができないものの、集団内部の強い結束と利益の交換を行う「つながり＝関係資本」は、人々が原子化した状態に比べ、生産と生活上の様々な問題への対処を可能にする（田原、2019：62－66)。結果的に、差序格局的な社会構造のなかで、中国人は自我を中心とする狭い範囲での排他的な小集団的な関係を構築する。

## 第３節　「差序格局」下のリーダーの役割

差序格局では「公」と「私」は相対的な概念であり、「公」は「私」を延長し拡大したものである。例えば、個人の立場からみると、親族は家族の延長であるため、家族も親族も個人にとって「公」といえるが、家族の「公」は親族の「公」より「私」に近い。言い換えれば、個人にとって家族は親族と比べると「私」となる。従って、家族のためなら親族の利益を犠牲にすることができる。同様に、親族のためなら村や国家の利益を犠牲にするのである（費、2012：46-48)。

私的関係が最重要視され、それに「公」と「私」の相対性という特徴が重なることによって、リーダーが公的役割を果たす場合、私的関係による影響を受けるだけでなく、リーダーにとって人間関係の「輪」の広がりは、本人にまつわる公的関係が私的関係に取り込まれる過程となる。リーダーが説明責任を果たす際、チェック体制などの有効なアカウンタビリティ制度が存在しなければ、公的資源の私的流用が必然的に発生する。また、リーダーの能力が高ければ高いほど、その利益集団による公的資源の収奪が激しくなる。

他方、個人がリーダーの立場に就くには他の農民の同意が必要となる。「自我中心」で差序格局の構造とそれに伴うリーダーの私的作用を熟知している農民にとって、強力なリーダーを選ぶ行動には必ず合目的性が存在する。これは、従来の議論において十分に認識されていない点である。

伝統的な農業地域では、土地生産性の向上を図るには土地整備や用水路整備等の活動を行う必要がある。しかし、特に改革開放政策の導入以降、零細農家を中心とする地域では、団結資本の欠如により農業生産性の向上が図れない状況にある。曹錦清は河南省の2つの村を対象に、用水路の建設をめぐる様々な対立を背景にした中国農民の「自我主義」的な性格を描き出し、用水路建設に成功した村についてリーダーの農民を束ねる役割を分析した（曹、2000）。また、中国社会における潜在的なルールを考察した呉思は、中国農民における協力と非協力の判断は、協力に伴う負担と予想される利益を比較した結果であると指摘した（呉、2001）。つまり、リーダーによって地域全体の団結を図り、共同労働のなかでの他人のフリーライドや非協力等の労働の非能率性を抑制し、所得向上を達成することが期待されている。この一連の目標の達成こそ、農民がリーダーに求める最も重要な役割である。また、リーダーの地位の確立は、彼らによる独裁的な支配と外部からもたらされる公的資源に対する収奪が地域内で承認されることを意味する。

農民は支配と収奪の度合いとリーダーがもたらす利益を比較して支持・不支持、また協力するか否かを決める。しかし、私的関係と利益配分に基づくリーダーの支配構造がいったん形成されれば、それを崩壊させることは困難である。リーダーは自身の力だけで地域を管理できず、支持者による協力が必要となる。協力者に利益を供与することでリーダーの私的関係が深まり、管理体制の強化に伴ってリーダーの負担も下がる。特権化に伴う公的資源の収奪と協力者への利益供与、さらにリーダーの私的関係の輪の拡大と強化が繰り返されるなかで、支配構造が強化される。

今後、中国の農業生産及び農村社会の組織化を実現するためには、高い交渉コストや、農民の交渉コストをリーダーの管理コストに転嫁する行動によって発生する収奪等の弊害を避けなければならない。欧米的な市民社会に対する目覚めともいえる意識の変化を重要な制度的要因として期待する考え方もありうるが、農民の意識の変化は簡単に実現できるものではない。従って、差序格局的な社会のあり方をベースにしつつ、公平性のある生産・分配システムの考案と構築が必要不可欠である。それに関する検討は第Ⅱ部の後半で行う。

# 第 5 章

# 社会経済政策と農業の展開[1)]

## —土地所有制からのアプローチ—

## 第1節　土地制度の重要性

第4章では、農業生産及び経済発展の過程に影響を与える広義の社会制度、とりわけ中国農村の社会的規範について検討した。本章では、上記の結果を踏まえながら、フォーマルな政策・制度の角度から、とりわけ三権分置という新しい土地所有制度[2)]の展開を通じて、今後の中国農業における多様な可能性について検討する。そして、その結果を第Ⅱ部の展開に資することとする。

秦代以降、中国の王朝交代のすべてが農民の反乱による影響を受けている。農民の反乱は既存の社会秩序や支配者による抑圧に対するものであり、その際の主張は根本的な社会問題を反映する。秦漢から隋にかけて、農民による反乱の主張は重い徭役(ようえき)や生存権に関するものが多かったことに対して、唐末から宋代までの社会問題は貧富の格差に関するものに変化した。元代においては、社会問題の中心は民族間の対立が顕著である。明清では、地主階級へ

---

1）本章は「所有、組織、規模：“三権分置”政策に対する考察」(『ICCS現代中国学ジャーナル』第13巻第2号、2021）の一部を加筆修正したものである。

2）近代における土地に対する所有権は、土地を全面的・排他的・永久的に支配する権利、すなわち、使用・処分・収益の権利を指す。2つの所有権が同時に存在するのは、宋代の永佃制の導入に伴って出現した中国特有の土地所有の特徴である。第1所有権は農地に関連する法律と条項による使用制限を除いて、土地の地表や上空、地中の資源を含む地下の範囲に及ぶ。第2所有権は第1所有権に認められた範囲と期間内の農業生産に関連する使用・処分・収益の権利であり、権利の範囲は地表に限られ、上空と地下には及ばないが、相続・贈与・売却・賃貸することが可能である。

の土地集中の深化が社会問題の中心となった。明代以降における農民の反乱は、ほぼ例外なく土地に対する権利を主張するものとなっている。例えば、明末の李自成の「均田免糧」（田を均等に分け、年貢を免除）、清末の太平天国の「有田同耕」（田があれば皆で耕し）、孫文の中国同盟会の「平均地権」（土地に対する権利を均等に）、そして、1940年代の中国共産党が指導した農民革命も、「土地兼併」（土地の併合）[3] により小作農を搾取した寄生地主を打倒し、その土地を農民に分配する（打土豪、分田地）というスローガンの下で勝利を収めた。

共産党体制の下、土地改革の実施により、耕地が零細化し、農民が中央政府からみて非計画的な生産を行うだけではなく、経営効率の差が農民の内部で階層分化を引き起こし、土地の私的所有がもたらす所有権の移転が生じた。このため、農民の小作化を回避し、経営効率の向上を図るため、1950年代初期から中央政府は農民の自発的な組織である「農業生産互助組」を基礎とする農業生産合作社（改革開放政策実施以降の農民専業合作社とは別物）の設立を推進した。さらに、1958年には人民公社を設立して、土地・役畜・農具を集団所有とするなかで、農村地域の水利建設と工業生産を促進し、農民を農業経営者から賃金労働者に改造した。しかし、これによって画一的な経営管理と農作物の買い付けが行われ、生産高に応じない収入と食料の配分が農民の労働意欲を著しく低下させた。そして、序論で論じたように、改革開放政策の導入は中国の農村経済を伝統的市場へ回帰させた。

自ら農民革命を進め、歴史にも詳しい毛沢東を代表とする中国革命の指導者たちは、安定的な農業生産と平等な分配こそが政権安泰の基礎であることを熟知していた。従って、中国共産党政権樹立後における土地所有や農業経営体制の変遷は、生産手段と生産物が農民に平等に分配されるように過度な土地集積を避けながら、生産効率の向上を模索する過程であったともいえよ

---

3）中国における土地兼併の概念は、単に生産性の高い農家が生産性の低い農家の土地を買収し併合することではなく、土地の私有制の下で地主が不当な手段を用いて農民の土地を奪うことを指す。特に不作の年に生活が維持できない農民の土地を極めて低い価格で買収し、農民を小作農にすることを意味する場合が多い。

う。

上記の中国歴史経験からみれば、土地の所有権は生産関係の最も重要な基礎と考えられる。世界銀行も土地に対する農民の私的所有の保障は、土地への投資を保障し競争力の強化につながると主張している（World Bank, 2008：138-157）。中国では、1950年代後半から公的な土地所有制度を導入し、その後も一貫してきた。農業技術の進歩による影響を除いて、異なる分配制度の実施が農業生産性を大きく変動させた。このことから本書は、農業生産の展開や生産性の向上に対して、世界銀行が主張するような所有権の有無は決定的な意味を持たず、耕作権や農産物の処分権に対する保障がより重要な意味を持つことを主張したい。

## 第2節　請負経営権に基づく三権分置の展開

改革開放政策実施以降、土地の請負経営権（以下では請負権と称する）の確立と農民による農産物の処分権獲得によって人民公社は消滅した。1978年以降の小農への回帰は、農民の生産に対する積極性を高めた。1990年代までの請負権は個々の農民が土地を所有して任意に使用し処分する権利、いわゆる物権ではなく、あくまでも土地の所有者である「集体[4]」（集団組織）が借用者である農家に対して用途を限定して行う貸出、すなわち債権であった（小田、2004）。債権の法的効力は物権より弱いため、請負者である農家は集体に代わって所有権を行使する行政に対して、債権の譲渡や使用目的の変更を拒否することができず、その結果、1990年代になると不動産バブルと建設ラッシュに便乗した地方行政による強制的な土地収奪が頻発した。

また、中国経済の工業化に伴い、農村労働力の移動が促進された。2000年代前半までの請負権は耕作権であったため、土地を他人に貸せばその土地に

4）集体とは、集団組織のことであり、主に村（かつての生産大隊）と組（かつての生産隊）のことを指す。中国の土地公有制は、都市部の国有と農村部の集団所有の2つの形態をとっている。集団所有は、土地改革によって私有化された土地を集団化する過程のなかで農民の共同所有に転化した土地所有制度である。

対するすべての権利を失うリスクが高かった。その結果、農民が出稼ぎする際は土地を放置しても他人に貸そうとせず、食料不足を招くことになった。こうした事態を打開するため、2003年、「農村土地請負法」の施行により、土地の請負権[5)]は個人に認められた権利として物権化され（小田、2004)、その賃貸や交換、譲渡などの移転が認められた。

2008年に開催された中国共産党第17期中央委員会第３回全体会議で採択された「農村改革・発展を推進する若干の重大問題に関する中共中央の決定」では、請負権の延長・確立・登録を前提に、大規模経営を発展させるために請負権の流動化を推進した。請負権の流動化に伴い、土地集積が再び進行して「失地農民」が多数出現し、農民の階層分化が進み、そして、社会全体に不安要素を作り出した。2013年12月に開催された中央農村工作会議では所有権・請負権・経営権の分離が打ち出され、農業政策の軌道修正が行われた。

2014年には、農業生産規模の維持、経営権の登記、多様な大規模農業経営の育成、農地の非農業用途への転用禁止などを通して、2013年に打ち出した権利分離の構想を具体化した。さらに、2016年４月、農業部・財政部・国土資源部・国家測量地理情報局の「農村土地請負経営権の権利の確定・登録・証書交付に関する事業をさらに的確に成し遂げることに関する通知」により、2018年末までに、一部の少数民族地区または辺境地区を除き、権利確定と登録、証書交付事業を基本的に完成することを規定した。この政策の目的は、農民による分散的な土地「所有」をベースに、経営権の移動による大規模化の実現により、結果的に食料安全保障問題を解決することにあった。農業の大規模経営を推進する土地集積において、移転する権利は請負権ではなく、経営権である。請負権を持つ多数の小規模農家による大規模経営者に対する経営権の譲渡、いわゆる逆小作に基づく農地の流動化が政府の主導によって大々的に推進された。1990年代までの集団所有と請負はあくまでも公有的な「一田一主」制であったが、原田忠直（2020）は2003年の請負権の確定と

5）物権化した請負権は土地公有制の下での私的処分権であり、請負契約期間においては排他的な所有権とみなされる。本書は中国で実施されている三権分置の土地所有制度を、実質上の二重所有制度とみている（金、2021)。

2013年以降の所有・請負・耕作といった３つの権利を分離することによる中国農民の「承包権」（請負権）はもはや和訳による「請負」の範疇を超えているとし、一田両主制の復活を主張した[6]。

土地の所有と経営をめぐる諸権利の分離と確定、期待される効果については、農地取引を通じて育成された大規模経営による農業の集約化と高付加価値化の観点から評価されている（池上・寳劔、2009：３-18；寳劔、2011）。中国国内でも、権利の確定によって土地の流動化が進んだこと、生産効率が上昇したことなどが具体的な事例によって実証されている（例えば、胡ほか、2018；林ほか、2018）。またその一方で、政策の実施に対して、地域特性を無視した大規模化の推奨による単位面積あたりの生産量の低下や大規模化に向かない農地の放置、大規模経営による希少資源の優先的な獲得と中小規模農家への影響等が指摘されている（例えば、黄、2017；金・謝、2020）。これらの研究は制度そのものに対する批判ではなく、補助金を用いた一方的な大規模化の推進に懸念を示したものである。以上の研究は農業生産の効率性の観点から、政策が適正に実施されているか否かを検討したものであり、土地所有における三権分置の本質と今後の中国における農業経営の展開の意味を探究するものではなかった。

1990年代半ば以降、中国では農業の生産性の問題、あるいは農民の貧困や格差の問題が強調されているが、これらの問題は表面的な現象に過ぎない。市場化のなかで、効率的な経済資源の配分は徐々に進んでいる。また、農業と非農業、農村と都市における所得格差の縮小を目指して、市場原理による作用や政府による再分配などが期待されてきたが、中国における農民の貧困問題が根本的に改善されることはなかった。むしろ、高度経済成長を達成す

6）原田（2020）は柏祐賢による「一地二主」や日本語の「三権分離」等の表現を用いたが、本書では中国語原文の「一田両主」（陳、1964：311）や「三権分置」等の表現を用いた。また、原田による「一地二主」（一田両主）では、村民委員会が農民の請け負った土地をまとめ、他者に移譲（転包）する行為に注目して、請負権を田底権に、村民委員会による集団所有を田面権に当てはめたが、本書では最終処分権の所在と流動性の観点から、表５-１にあるように第１所有権（田底権）を集団所有、第２所有権（田面権）を請負権に該当させた。

る過程において、三農問題はより深刻化した。序論で論じたように、構造的にみれば、三農問題の核心は長い間土地と農業に縛られてきた農民同士、及び農民と都市住民の間に固定化された生産と分配をめぐる関係にあると考えられる。つまり、長期にわたって実施してきた政策による影響であることは否めない。さらに、これまでの農業の低い生産性、あるいは農民の貧困と格差の問題の背後には中国における農村の歴史・社会・文化が総合的かつ複合的に作用していると考えられる。三農問題を根本的に解決するためには、農村の経済発展を支える社会的側面に対する検討が必要不可欠である。

近年、三権分置という土地所有制度の展開は、単なる公有制という建前の下での私有化の展開や、土地の効率的利用を図る手段ではなく、中国における多様な地域的文脈と時代的背景による産物だと考えられている（桂、2016；高橋、2020：323-339)。『中国農村経営管理統計年報』によれば、2009年に12.0％であった農地流動化率が2017年には37％に達しており、特に上海市（75.4％)、北京市（63.2％)、江蘇省（61.5％)、浙江省（56.8％)、黒竜江省（52.1％）といった都市部や沿海部の経済構造の転換がなされている地域や、大規模化が展開しやすい地域を中心に流動化が進んでいる。また、請負権と経営権の移転先に関しては、専業農家への移転が2.94億ムー（約0.20億ヘクタール）で最も多く、総移転面積の57.5％を占めている。それに対して、合作社への移転は1.16億ムー（約0.08億ヘクタール)、全体の22.7％を占めている。また、企業への移転は5,035万ムー（335.67万ヘクタール、9.8％)、都市住民、農村の住民組織、他の社会団体、研究機関への移転は5,102万ムー（340.13万ヘクタール、10.0％）となり、非農村住民または公的部門による集積が２割程度を占めている。移転した土地のほとんどは経営権のみの移転であり、これは移転した総面積の80.9％を占めているが、土地の提供による組織経営への参加（5.8％）に加え、土地の交換（5.8％）とその他の形式の移転（4.7％）が、都市部・沿海部あるいは大規模化の条件を備えた地域といった特性に応じて多様化する農業経営の展開を示している。これらの土地利用に対して、請負権の譲渡は2.8％にとどまっており、1,442.4万ムー（96.16万ヘクタール）という面積規模は大きいものの、割合からみれば大幅な請負権、いわゆる物権の集積にはなっていない。

表5－1　2つの土地所有制度に関する比較

| 制度 | 第1所有権（物権） | 第2所有権（物権） | 耕作権（債権） |
|---|---|---|---|
| 永佃制に基づく一田両主制 | 大地主<br>（地主、所有者）<br>（田底権）<br>最終処分権<br>相続、譲渡可能 | 小地主<br>（永代小作農）<br>（田面権）<br>無期限使用<br>相続、譲渡可能 | 佃戸<br>（一般小作農）<br>（耕作権）<br>賃貸契約に基づく<br>用途限定、有期使用 |
| 請負制に基づく三権分置 | 集団組織<br>（所有権）<br>最終処分権<br>譲渡可能 | 請負農家<br>（請負権）<br>請負期限内の使用<br>相続、譲渡可能 | 専業農家、経営者<br>（経営権）<br>賃貸契約に基づく<br>用途限定、有期使用 |

（出所）筆者作成

以上の事実からみて、三権分置に基づく二重所有制の確立は、今後中国の多様な農業経営の展開に対応して経済資源を効率的に配置すると同時に、市場原理に基づく再分配を実現することが見込まれる。中国の農村社会の特徴に見合う柔軟性のある政策展開こそ、三農問題を解決する鍵になる可能性があると考えられる。

## 第3節　三権分置と一田両主制の比較

本書は、2013年以降における請負権と経営権の分離を、宋代に出現して明清期に展開した一田両主制とのアナロジーで捉える。この捉え方の妥当性を主張するには次の諸問題を説明しなければならない（表5－1）。

まず、一田両主制下の私的な「田底権」と、集団組織の公的な「所有権」を、同質のものとして捉えることが可能か否かである。所有制の角度からみれば、2つの制度は異なる本質を有しているが、第2所有権と耕作権の観点では根本的な違いはない。1990年代までの土地の所有権と最終的処分権は集団組織にあり、請負権は債権である耕作権に相当するものであった。そのため、集団組織（集体）の所有権を代行する村行政による土地の用途変更の申し出に対して、農民はそれを拒否することができなかった。しかし、請負権の物権化に伴って、請負農家は土地利用と農産物に対する最終処分権をはじめ、その権利の相続と譲渡が可能になった。農業税が廃止されたため請負農家には「地代」に相当する費用が発生しないが、請負権は第2所有権に移行した。請負農家は期限付きという条件を除くことができる場合、一田両主制下の「永代小作農」に相当する地位を確保できた。耕作権に関しては、農業経営を行う農家・経営者はかつての「佃戸」と同様、三権分置においては賃貸契約に基づいて用途限定した土地の有期使用が認められる。請負権から経営権を独立させ、経営（耕作）権の取引のみを推奨することで、請負農家は実質上、かつての「小地主」相当となった。1920年代後半からの土地革命において「地主富農を打倒した」政権の正当性に危機をもたらすことのないよう、中国政府は「寄生地主」の創出を避け、第1所有権を「公有」とし、社会主義の政治体制との整合性を保つ制度を構築したことになる。こうして、「公有制」と「期限付き」の2点を除けば、三権分置は一田両主制と類似する構造を持っていると考えられる。

構造的に類似するものの、所有権から発生する「最終処分」の結果の違いは、三権分置と一田両主制の相違点として注目する必要がある。この相違は、主に土地用途の変化によって生じる。農耕社会において、農地は最も重要な生産財として扱われ、所有権が移転しても土地用途の変化はなかった。その結果、一田両主制下では「田底権」の移転が「田面権」に与える影響はほとんどない。現代において、「田底権」の移転は行政管理の変化という形で行われ、農地の用途に変化が生じなければ、村の合併や都市の拡張が行われても第2所有権としての「田面権」に与える影響も少ない。多くの「城中村」の出現もそのためである（孫ほか、2009）。しかし、土地用途の変化が生じる場合、「田底権」の移転が「田面権」に大きな影響を与える。影響をもたらす原因は、「田面権」を有する農民が土地用途の変化を拒否できないことにある。結果的に農民は請負権を譲渡する、または定期的に土地使用料を受け取ることになるが、多くの場合、農民はその2つの処分方法のなかから自由に選ぶこともできない。

ただし、2つの制度が「田面権／請負権」の点で異なる結果をもたらす主な理由は、農耕社会と工業化社会という経済構造の違いであり、工業化と都市化が急速に進んでいれば、宋代や明清代でも現代と同じことが生じていたことが考えられる。さらに、本書は農業を基盤とする地域を調査の対象とするため、土地用途の変化を考慮する必要性は高くない。この観点からみて、本書は限定的に三権分置を一田両主制とのアナロジーで捉えることが可能と判断する。

従って、一田両主制と三権分置の相違をもたらしたのは産業発展における時代的要因であり、制度そのものの違いによる結果ではない。一田両主制下では少数による所有（田面権）と多数による生産（耕作権）が行われている。少数が多数を搾取することで、階級間の格差が拡大し対立が深まる。他方、三権分置は請負権を確定・保証することで農民の土地移転に伴うリスクを軽減させる。その結果、集積コストを下げる効果を発揮し、土地の移転が促進される。その結果、多数による所有（請負権）と少数による生産（耕作権）となり、資本所有に基づく再分配であるといえる。

前節で触れた「承包権」の視点からみれば、農村から離れず土地を請け負う農民と彼らから土地を借りて耕作する農民の関係についてみると、請負権を有する者は経営者であるが実際の農作業に参加せず、労働者を雇用する関係となる。実務の農作業に携わる人々が土地に縛られず、流動し続ける状況を作り出し、彼らの職を固定化しないことで生活水準の向上を図るための機会に多くめぐり合うよう仕向ける（原田、2020）。これに基づいて考えれば、経営権の移転を推奨する三権分置における関係は、さらに請負権を持つ農民の離農を促しうる。つまり、請負権を有する者は、必ずしも自らが農業経営を行わず、他人に農業経営を委託することができる。さらに、請負権を有する者は経営者に雇われ、農作業に携わることも、離農して他の産業に入ることもできる。多数の農民による分散的かつ共同的な所有に関しては、政治的な視点からは「社会主義的思想を反映した経済秩序を生む」と評価できる。他方、社会保障の視点からは、農家の資産収入を確保するものと理解できる。そして、社会経済の視点からは、経営を固定化しないことで労働者のみならず、経営者ですら絶えずシャッフルされることになると考えられる。このような「ビルド&スクラップ」の繰り返しのなかで、効率的な資源配分の効果が期待されるといえよう。無論、長期的な経営を望む農業経営の観点からみれば、短期的な経営が土地整備や改良、固定資産の投入を阻止し、農業の安

表５－２　所有権、生産規模、組織化に基づく農業経営の類型

<table>
<tr><th>タイプ</th><th>所有権</th><th>生産規模</th><th>組織化</th><th colspan="2">具体的な形態</th></tr>
<tr><td>1</td><td>私的</td><td>大</td><td>無</td><td colspan="2">大型農場</td></tr>
<tr><td>2</td><td>公的</td><td>大</td><td>無</td><td colspan="2">生産隊、農業企業、大規模専業農家</td></tr>
<tr><td>3</td><td>私的</td><td>大</td><td>有</td><td>多国籍企業</td><td rowspan="2">農業協同組合</td></tr>
<tr><td>4</td><td>公的</td><td>大</td><td>有</td><td>人民公社</td></tr>
<tr><td>5</td><td>私的</td><td>小</td><td>無</td><td colspan="2">零細分散経営</td></tr>
<tr><td>6</td><td>公的</td><td>小</td><td>無</td><td colspan="2">請負制に基づく小農自営</td></tr>
<tr><td>7</td><td>私的</td><td>小</td><td>有</td><td colspan="2">集落営農</td></tr>
<tr><td>8</td><td>公的</td><td>小</td><td>有</td><td colspan="2">村営合作社</td></tr>
</table>

（出所）　筆者作成

定的な生産に害を及ぼすことが危惧される。次節では農業生産と農民生活の安定性の観点から土地の所有権、農業の大規模化、組織化の関係について検討する。

## 第４節　農業経営の類型化と展開の可能性

二分法によって考察した生産関係、すなわち所有権、生産規模、組織化のそれぞれを公と私、大と小、有と無に分け、その組み合わせを示したのが表５－２である。

ここでいう所有権とは土地の最終的な処分権のことであり、二重所有の場合は第１所有までを考慮し、経営権については考慮していない。大規模と小規模の区別は、経営者及びその家族だけによって生産が完結するかどうかで判断しており、生産過程において恒常的に雇用が生じる場合は大規模経営とみなす。組織化とは複数の独立した経営主体が情報・資源・利益を共有するシステムのなかで生産を統括的に管理・運営することを指す。つまり、経営の内部に意思決定主体が複数存在しない場合、組織化はされていないとみなす。以上の概念は相対的なものであり、異なる経営方式を比較するために用いている。

大規模な単独経営には様々な形態がみられるが、共通するのは経営者に権

利が集中するなか、賃労働と規模の経済が機能することである。私的所有の場合はアメリカの大型農場（タイプ１）がその典型であり、公有制の場合は中国にみられる生産隊、三権分置に基づく農業企業と専業農家（タイプ２）がその代表となる。上述したように生産隊の低効率は最終処分権の不在によるもので、それを除いて考えれば、所有制に違いがあるものの、農業企業・専業農家は大型農場と本質的に同じ目的と手段を有すると考えられる。また、多国籍企業（タイプ３）と中国の人民公社（タイプ４）及び政治経済体制にかかわらず、多くの国で設立された農業協同組合は、大型単独経営の生産隊・農業企業・専業農家等が統括的に管理・運営している情報や資源、利益を共有するシステムである。

小規模経営の例としては、1940年代〜1950年代初頭の中国で行われた土地改革によって土地が農民に配分されたケース（タイプ５）や、1978年の改革開放政策を実施した直後の請負制（タイプ６）が考えられる。これらのタイプは異なる所有制度に基づいており、前者は個人によって所有されるが、後者の所有権は集団組織に帰属する。２つの生産関係の根本的な違いは土地の所有権の所在である。しかし、所有権の有無にかかわらず、この２種類はいずれも零細分散経営に基づく小規模農業生産であり、生産物の処分権に対する本質的な違いはなく、農民の農業に対するインセンティブに与える影響にも違いはないと考えられる。請負制の下では土地改良に対する投資が妨げられるという指摘があるが、この問題が生じる根本的な原因は土地に対する権利の確実性と請負期間にあり、所有制によるものではない。小規模であることによる低生産性は共通の問題となっており、その改善策の１つとして表５-２のタイプ１とタイプ２のような大規模化が考えられるが、自然環境等の制限によって大規模化が実現できない場合は、組織化が代替的な方法として考えられる。そうした小規模農家を統括的に管理・運営し、情報や資源、利益を共有するシステムとして、私有制に基づく日本の集落営農（タイプ７）と公有制や三権分置に基づく中国の村営合作社（タイプ８）がある。また、タイプ３とタイプ４はタイプ７とタイプ８の上位形態であると考えられる。さらに、農業協同組合は所有制に関係なく上位的な大規模な組織体として存在しうる。

1949年以降の中国の土地所有制度の流れは、次の通りにまとめることができる。まず、タイプ5の零細分散経営から始め「農業生産互助組」といった合作組織を経て、タイプ2の生産隊、タイプ4の人民公社を経験した後、タイプ6の請負制に基づく小農自営といった小規模経営に戻った。その後、生産隊の前身ともいえる農業生産互助組に近い「連営」（組織経営）が現れた。そして、農工間の所得格差の拡大に伴い、農民の所得向上のために、離農を促しながら、三権分置に基づく大規模経営、すなわち、上記のタイプ2の農業企業、大規模専業農家の生成が推進された。それと同時に、大規模経営を図りにくい一部の地域ではタイプ8の村営合作社が増えている。

上記のタイプ1とタイプ2の生産性と農民のインセンティブを比較してみると、農業技術による影響を除いてみても、土地所有権が異なるアメリカの大型農場と中国の農業企業や大規模専業農家との相違は、同じ土地の公有制をとる1978年までの生産隊と2000年代以降の農業企業との相違より小さい。所有制は基本的な生産関係として諸政策や国家体制まで影響を及ぼすが、自主的な経営権と生産物の処分権が経営者の手に渡った場合、土地所有権が資源の配置と生産効率に与える影響は限定的になる。

これまでの経済学理論は、例外なく生産財の所有権、農業に関しては土地の所有権を他の生産関係を決定する基本的かつ重要な生産関係として捉えてきた。なぜなら所有権は生産財の調達方法を通して、経営方式を決定するからであろう。しかし、上述したように近代農業における生産の効率化と生産性の向上に関して、少なくとも中国にあっては、法によって保障される経営権、いわゆる生産物の処分権のほうが、土地の所有権より重要な意味を持つことが推察される。生産物処分権の重要性は第Ⅱ部で示す現地調査の結果にも表れているが、本書の目的は、社会制度と三農問題について議論することであるため、作物処分権と生産効率化との関係についての議論を省略する。

# 小括

第１章と第２章では、二重経済論、自由市場主義、緑の革命的な大規模経営といった考え方を中国農業・農村開発に適用する際の妥当性と、それらに基づいて政策展開することにあたって生じる問題について議論した。それを踏まえて、第３章では新制度派取引コスト理論に基づいて農業経営の組織化を検討した。三農問題をめぐるフォーマル及びインフォーマルな社会制度の諸問題を考慮して、第４章では社会的規範の角度から中国農村社会の秩序と農民が求めるリーダーの役割について検討した。また、第５章では、時代的背景を踏まえながら、フォーマルな社会経済政策、とりわけ土地所有制度の角度から、今後の中国農業における多様な可能性について概観した。ここでは、諸理論に対する検討と地域的文脈に基づき、第Ⅱ部で検証する中国農業の発展の枠組みを図Ⅰの通り提示する。

自然環境や市場、政策・制度、そして農民の行動と選択が、農業経営方式に対して直接的な影響を与える。具体的にみれば、気候条件・土地条件・立地条件等の自然環境は農業の経営方式を決める初期条件となる。政策・制度は具体的な目標を達成するための方針と行動規範であり、交易条件を変化させながら市場機能を調節し、直接的にも間接的にも経営方式に影響を与える。社会環境は歴史的文化的影響を受け、農民の行動と選択に影響を与える。他方、リーダーは農民でありながら、他の農民をまとめて生産活動を遂行する役割を求められる。組織的な生産を行うなかで、リーダーと一般農民の行動と選択は互いに影響する。長期的にみれば、以上の構造に含まれる各主体は動態的に関係しあう。

図Ⅰの左側は、持続的に発展する社会システムを構築するなかでのフォーマルな政府と市場の関係を示している。市場原理の優位性を主張する新古典派経済学は市場の整備に必要なルール作りと、障壁の除去を求める。また、規模の経済・外部性・公共財・情報の非対称性といった市場の失敗に対して、政府に資源配分を適切に補完する機能を求める。しかし、この経済学理論で

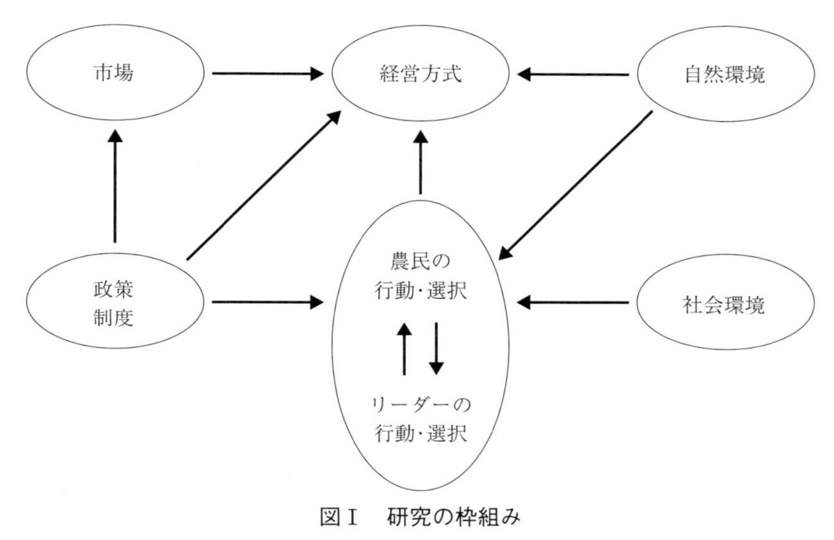


図Ⅰ　研究の枠組み

（出所）筆者作成

は農業の特殊性、多様な地域性と社会の各主体における複雑な関係を無視している。その部分の影響を考慮するため、図Ⅰの中央から右側までの部分が示す通り、本書は新制度派理論の考えを取り入れる。この部分では、インフォーマルな社会制度を含む社会環境による影響を受け、農民とリーダーは取引コストと利得を予測し、農業経営の組織化をめぐって合理的に判断する過程を示している。

類似する自然環境と社会環境を有する地域でも、異なる農業経営と社会発展の形態がみられる。上記の枠組みから考えれば、異なる結果は政策や制度の相違がもたらすものと考えられる。さらに、地域を持続可能な発展の方向へ導くか否かにとって、政策や制度の設計と社会環境との適合性が極めて重要であることを強調しておきたい。具体的には、近年展開している経済政策と集団生活のなかで形成された社会的規範との適合性が中国の農業経済と農村社会の発展方向と結果を決めると考えられる。

以上の考えを検証するため、第Ⅱ部ではまず「三権分置」の実施前と実施後の地域を比較して、政策の実施による影響を検証する。また、「三権分置」が導入され、社会環境が類似した地域について、リーダーの行動と選択が農民の行動と選択を通して経営方式と地域社会に与える影響を検証する（第７章・第８章・第９章）。

中国農業の近代化はどのような問題に直面し、如何にして達成されるのか。農民は如何にして所得向上を実現するのか。農村は如何にして経済的、社会的再生産を維持するのか。以上の問いに対して、後半の第Ⅱ部では、現地調査の結果を踏まえて、伝統農業から近代農業への発展経路、とりわけ中国農村社会に存在する高い交渉コストを回避する重要性と具体的な方法を提示する。具体的には中国中南部の湖北省及び湖南省の農村で実施した現地調査を基に、伝統農業に依存する地域の事例（第６章）、農地流動化政策を推進した事例（第７章）、組織化した地域営農の事例（第８章）、土地と資本の共同利用による生産の大規模化の事例（第９章）を検討する。対象地域の生産要素賦存と中国の政治体制から派生する制度的特性と文化として内面化されている社会発展の経路依存性を考慮に入れ、組織化による所得向上と貧困対策の妥当性と有効性を実証する。

# 第Ⅱ部　実証的検討

第Ⅱ部では、第Ⅰ部の研究の枠組みに基づいて実証的検討を行う。方法論について、本書ではシーダ・スコチポルの比較史分析と重冨真一の比較地域研究の手法を参考にする。

スコチポルによる差異法は歴史社会学のみならず、人文社会科学一般に共通する方法である。この方法を地域研究に応用して類似する地域を比較すれば、変数を統御しやすく、地域間で異なる条件を用いて結果の相違を説明することができる（スコチポル、1995：329-359）。しかし、地域の類似性を決めることは困難であり、どの程度の相違なら分析可能かを決めることが難しい。また、地域の特殊性に過剰に注目すれば結果の説明に支障をきたす。この問題を解決するため、本書は重冨による比較地域研究の手法を参考にする。

重冨の比較地域研究は、１国における複数の地域を想定し、同じ目的・衝撃による行為の結果が、地域によって異なる時、その違いをもたらす要因を探り、地域への理解を深める方法である。つまり、同じ目標インパクトに対して、地域が異なる対応をとれば地域の構造的な条件の相違を推察できる。また、これに関連して複数の地域を比較可能な対象にするため、可能な限り地域的条件が類似する対象を選び、説明したい現象を限定することで説明変数を選別する方法がある（重冨、2012）。第Ⅰ部では「中国社会」という共通性に力点を置いたことに対して、第Ⅱ部では中国の農業近代化と農村貧困の解消に関わる政策と農民の取り組みの違いに力点を置き、類似する自然環境を有する４つの地域のうちの３つに対して同じ目標インパクト、すなわち、三権分置という土地所有制度の展開と、三農問題及び食料安全保障問題の同時解決といった農業政策の目標が与えられた場合の結果の類似点と相違点を分析する。重冨の比較方法によって、そのうち３つの対象地域（第７章・第８章・第９章）の事例におけるリーダーの役割と地域の取り組みを比較検討する。

対象地域の選択にあたって、本書は調査地の類似性、すなわち自然的・社

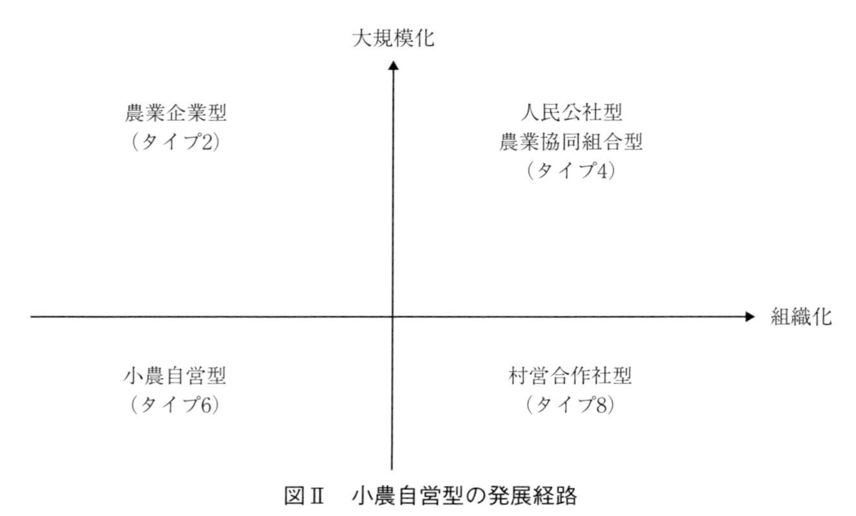


**図Ⅱ　小農自営型の発展経路**

（出所）筆者作成

会的・経済的条件に注目した。調査対象は長江以南、雲貴（雲南省と貴州省）高原以東の東南丘陵と呼ばれる低山丘陵地帯に位置する湖北省と湖南省の４つの地域である。歴史的・政治的・文化的にみれば、洞庭湖を境界線とする湖北省と湖南省は、紀元前11世紀から楚国の領土であり、宋代には「荊湖北路」と「荊湖南路」とそれぞれ名付けられ、数世紀にわたって両省は「両湖」と総称されてきた。楚国の土地と文化を受け継ぐ民であることを自負する両湖の人々は、漢民族の「民系」（地域アイデンティティ）のなかでは「湖広民系」に分類され、強い自己意識を持ち、古くから著名な軍人や官吏を輩出してきた。近代では、中国革命の根拠地として共通する政治的背景を持ち、改革開放後も長期にわたって国家による財政支援を中心とする優遇措置を受けていた。気候や地形といった自然条件の類似性から農業生産、４地域ともとりわけ稲作が中心となっており、第４章で言及したいわゆる農業型農村である。目標インパクトへの異なる対応に関しては、主に地方行政やリーダーの判断、行動に注目する。

表５－２に基づいて、中国の土地所有制度や生産規模、組織形態を考慮すると、小規模で組織化されていない伝統農業から近代農業への発展には次の

経路がみられる（図Ⅱ）。組織化と大規模化による二分法の示す通り、集積コストが低い場合は大規模化が進み、管理・交渉コストが低い場合は組織化が進む。土地公有制の下では、大規模化は専業農家を含む広い意味での農業企業型（タイプ2）となり、組織化は村営合作社型（タイプ8）となる。大規模化と組織化の両方を取り入れた人民公社型（タイプ4）は改革開放政策の実施に伴い廃止されており、また中国には日本の農業協同組合型の経営方式は存在しない。

以上の考えに従うと、改革開放政策実施直後の請負制に基づく小規模経営はタイプ6の小農自営型である。生産物の私有権の確立により、農家のインセンティブは高まるが、このタイプは市場原理による影響を受けやすい。代表事例として、本書では湖北省黄岡市M市とM市が管轄するJ鎮の辺村を調査対象に選んだ。第6章では、伝統農業に依存する地域経済と家族による福祉の実態を明らかにする。

小農自営型による低生産性を克服するには、農業経営の大規模化または組織化が求められる。そこで、大規模化の代表事例（タイプ2の農業企業型）として、本書では湖南省婁底市S県を調査対象に選んだ。第7章では、画一的な大規模化の推進が小規模農家に与える影響と農民の階層分化を中心に検討する。第7章と第8章で取り上げた2つの地域は、同じ市に立地し、地域の類似性が高い。同じ制度的背景のなかで、第8章のX県の橋村が第7章の大規模化経営と異なって、組織化を実現したのはリーダーの役割による結果と考えられる。

さらに、リーダーの働きによる組織化の相違を検討するため、上述の橋村と湖南省常徳市D区の羊村を比較した。これらの事例はタイプ8の村営合作社型の代表事例であるが、リーダーの判断と行動に違いがみられる。橋村は村長の強いリーダーシップによって著しい経済成長を遂げた事例であり、羊村は共有経済の創出により貧困削減を実現した事例である。橋村の事例ではリーダーによる公的役割と私的役割を分析し、交渉コストを回避するための農民による選択の合理性とそれによる弊害を分析する。それに対して、羊村の事例ではリーダーの役割に頼るより、土地と資本の共同利用と労働に応じた賃金支払い制度を採ることにより交渉コストを回避するメリットについて検討する。

本書に関連する現地調査は2010年から2020年にかけて実施しており、経済政策による影響の分析は、中国の省（第1級行政区分）と市（第2級行政区分）の下にある県（第3級行政区分、そのなかには県レベルの市も含まれる）の行政機関を対象に行い、農家に与える影響や農業経営の組織化に対する調査は村または農家を対象にインタビュー調査を行った。現地のインフォーマントのプライバシー保護のため、県以下郷鎮（日本の町村にあたる）以上の地名にイニシャル文字を使い、村に対して一文字の仮名を与えた。個人名に関しては、調査に使用した記号のイニシャル文字を用いた。また、選択基準については各章の地域を紹介する箇所で説明する。

# 第 6 章

# 自営型小農経済と家族による福祉[1)]

## ―湖北省M市の事例―

## はじめに

改革開放政策の導入は中国の工業化を推進し、産業間における労働者の所得格差を広げた。また、戸籍制度の緩和に伴い、農村労働力の流出が促進された。2000年代初期、中国都市部の低技能労働市場において供給不足が発生し、賃金の上昇をもたらした。二重経済論に基づいて考えれば、次の発展段階では都市部の非農業における労働力への需要が拡大し、農村の余剰労働力が完全になくなる。すなわち、ルイス転換点を通過することによって賃金は限界労働生産性に従い、労働力が合理的に配置され、農業の近代化も次第に促進されることになるはずである。

ところが、改革開放政策と共に誕生した当初の請負権は債権であり、所有権としての機能を発揮できず、農民の土地に対する権利が保障されなかった。これに対して、2003年『農村土地請負法』が成立し、請負権の物権としての確立及び登録が法的に保障されるようになった。しかし、長期にわたる公有制のなかで、農民は物権と債権の区別がつかず、2013年に「三権分置」が打ち出されるまで農民のほとんどが耕作権の移転は請負権の喪失と理解していた。高い収入を求めて出稼ぎする農民は土地の貸し出しを拒み、耕地の放置が広範囲でみられた。人口流出は農村地域の労働力不足をもたらし、農業の発展に打撃を与えただけではなく、農村に残る農民は大規模化を図れず、食

---

1）本章は「中国山間地域における労働力の流出と農業経営への影響：湖北省麻城市の事例」(『ICCS 現代中国学ジャーナル』第12巻第2号、2019）の一部を加筆修正したものである。

料安全保障問題を引き起こす恐れが生じた。また、農村に残らざるを得ない者は、生産性の低い農業で生計を維持し、貧困と闘いながら生活することになった。三農問題はより一層深刻化した。

以上のことを念頭に、本章では、湖北省M市を対象に、農家世帯の立地条件や収入条件、家族構成等の状況を総合的に検討し、労働力の向都流出に影響を与える要因を考察する。また、条件面で不利な地域において、労働力の流出が地域及び農業を営む世帯の生活にどのような影響を与えているかについて分析するため、辺村を具体的な事例として取り上げる。最終的に、中国経済の構造転換が完成するまで、農業の大規模化が図れず、非農業産業の育成も困難である地域における土地に対する権利等をめぐる諸政策の不備が存在するなか、市場化の推進が農村の労働力を過剰に流出させ、農村の過疎化及び農民の貧困化をもたらす実態を明らかにする。

## 第１節　農村の労働力の流出とそれに伴う問題

『中国統計年鑑』の各年版によれば、1980年には全体の68.7％を占めていた第１次産業の従事者は、社会主義市場経済の概念が確立した1992年には58.5％になり、中国経済についてルイス転換点の通過をめぐる論争が起きた2004年には46.9％に、さらに2019年には25.1％になり、農村からの労働力の流出が加速している。しかし、国際的に比較すれば、中国の第１次産業労働者の割合は１人あたりGDPの水準が近い諸国に比べ、依然として高い数値を示している。この理論に反する産業構造と広範囲にわたる農村の貧困問題が、中国にとって「中所得国の罠」から脱出するのに大きな負担となっており、理論的想定に基づけば、農業や農村から人口を排出することがさらに要求されている（厲、2012；蔡、2018）。

その一方、労働力の流出に伴い、小規模農家を中心としてきた中国の農村において、「空心化」（過疎化[2]）の問題が顕在化し、とりわけ山間地域では労働力の流出が農業生産と地域社会の持続を脅かすようになった。労働力の流出がもたらす具体的な問題として、農業の維持、農地や住宅地の管理、高齢者の介護など幅広い問題が取り上げられている（崔ほか、2011；姜・羅、

2014；劉ほか、2009；劉・劉、2010；周、2008；李・黄、2016；陳・曽、2016)。2000年代半ばまでは、子供の養育と老親の介護のために女性が村に残る「386199」[3]現象が中国の農村で広範囲にみられたが（馮、2008)、女性労働力の大量流出に伴い、「留守老人」（子供が出稼ぎに出かけたため、農村に残された高齢者）は農村世帯の48.9%、「留守児童」（親が出稼ぎに出かけたため、農村に残された児童）を抱える世帯は農村世帯の28.3%を占め、労働力の流出に伴う問題はより深刻になった（陳・劉、2012)。

龍花楼ほか（2009）は、都市周辺・平原農業地域・草原牧畜地域では土地利用の転換に基づく都市化と産業化、または大規模経営によって貧困と格差問題に有効な対策を講じることが理論的に可能であるが、農業の大規模経営化と産業の発展が望めない地域において、人口・産業・環境といった全体的なバランスのとれた三農問題を解決するには、村ごと都市周辺部に移転させるしかないと指摘した。ここでいう「村ごとの移転」とは、中国経済の構造転換が完成した段階における条件不利地域からの産業の完全撤退と住民の完全移動を意味する。しかし、農業からの撤退と住民の移動は同時に達成できないため、構造転換が完成するまで住民の生計維持を図らなければならない。社会保障システムを構築せず、農村労働力を都市部の低技能・低賃金・非正規雇用の労働市場に吸収させることは、彼らの労働を搾取しながら労働能力の喪失で生じるすべての負担を本人の責任として押し付けることである。生産年齢農民の低収入は現在の貧困をもたらすだけではなく、非生産年齢人口に対する教育・福祉への投資不足を意味する。貧困が再生されるなか、労働

2）中国では過疎化について明確な定義が存在しておらず、同じ言葉を使っても日本の村落研究が使用する過疎化の意味と異なっており、比較することは難しい。中国では戸籍による制限が強いため土地等の財産や家族を農村に残し、農民工として出稼ぎに行くことが多い。近年、戸籍制度の緩和により世帯員すべての移動も増えてきたが、季節的に都市と農村を移動するのが依然として主な形態である。概念的な混乱を避けるため、本章は、過疎化を世帯単位の移住とし、出稼ぎによる季節的移動を労働力の流出と呼ぶ。

3）386199とは、3月8日の「国際女性デー」、6月1日の「世界子どもの日」、中国の旧暦で9月9日の「重陽節」をいう「敬老の日」に因んで、女性・児童・高齢者を指す。

表6-1　地域別収入源別の60歳以上人口の割合（単位：%）

| 収入源 | 2000年 | | | 2005年 | | |
|---|---|---|---|---|---|---|
| | 都市 | 鎮（町） | 農村 | 都市 | 鎮（町） | 農村 |
| 労働収入 | 10.1 | 19.7 | 43.2 | 9.0 | 19.8 | 37.9 |
| 年金収入 | 58.1 | 29.1 | 4.8 | 57.5 | 24.8 | 4.6 |
| 家族による扶養 | 27.9 | 46.1 | 48.9 | 29.5 | 49.9 | 54.1 |
| その他 | 4.0 | 5.1 | 3.2 | 4.0 | 5.6 | 3.4 |

| 収入源 | 2010年 | | | 2015年 | | |
|---|---|---|---|---|---|---|
| | 都市 | 鎮（町） | 農村 | 都市 | 鎮（町） | 農村 |
| 労働収入 | 6.6 | 22.3 | 41.2 | 6.3 | 20.9 | 34.4 |
| 年金収入 | 66.3 | 26.3 | 4.6 | 71.0 | 28.7 | 7.5 |
| 家族による扶養 | 22.4 | 44.5 | 47.7 | 17.3 | 40.0 | 46.4 |
| その他 | 4.7 | 6.9 | 6.5 | 5.4 | 10.4 | 11.8 |

（出所）2010年のデータは中華人民共和国国家統計局（2011）、『中国2010年人口普査資料』に基づく。
その他は王・彭（2020）による引用

力の流出と過疎化に伴う農村地域の生活環境悪化の影響を最も受けやすいのは、若林敬子が指摘した通り、移動能力の低い中高年齢者[4]である（若林、2009：70）。

2000年代初期までの農村年金保険制度の失敗や2009年から実施され始めた「新型農村社会養老保険制度」の普及が進んでいないことが原因となり、中国の農村高齢者は年金保険による収入が確保されていない（陳・曽、2016）。また、貧困者に対する公的扶助も制度上の不備（馮、2008）や財源確保の困難を理由に十分に機能していない（李・黄、2016）。無論、不動産の資産性が極めて低い農村地域は、都市部と異なり、農地や住宅などの資産収入によって生計を立てられる可能性がほとんどない（党・呉、2016：172-173）。その結果、表6-1の示すように、2000年、都市部の高齢者の生活を支えるのは主に年金と家族による扶養であったが、2015年にかけて年金の割合が上昇し、

4）中国の統計資料と文献では、高齢者の年齢区分について、「60歳以上」と「65歳以上」の2種類がある。本書では理解しやすいように、65歳以上という基準も用いるが、資料による制限があるため、60歳以上を用いる場合もある。

家族による扶養の割合が低下した。それに対して、農村の高齢者の生活を支えるのは主に労働収入と家族による扶養となっており、そのいずれも低下傾向がみられるが、非農業地域に比べて依然として圧倒的に高い割合を占めている。多くの農民にとって、農業経営は唯一の生計手段であるため、労働力の流出が農村家族や村落社会の機能維持だけでなく、農業の維持と発展に支障を与え、高齢化した農業従事者の貧困と農業の衰退をもたらす。

以上のことを踏まえて、本章では湖北省M市を対象に、労働力の流出の実態を明らかにしたうえで、中国の農村社会における家族機能の維持と高齢者の介護には労働力が必要という観点から、労働力の流出と家族構成との関係について考察を試みる。

## 第2節　M市における労働力の流出の実態

### 1　M市の概要

本章は湖北省黄岡市の管轄下にあるM市（県級、第3級行政単位）を対象としている。当該地域での調査は2010年から2014年にかけて実施し、本章で使用する主な資料・情報は、請負権の確立と登録が進む前の状況を反映しており、その内訳はM市老齢工作委員会弁公室（高齢者問題対策委員会管理事務所）による各郷鎮の人口や年齢構造、労働力の流出及び高齢者に関するものである。本章の後半部分ではフィールド調査の結果が反映される。

M市は湖北省の北東部に位置し、河南省と安徽省に隣接し、市の総面積は747平方キロであり、東南丘陵の北部にある大別山地区に属している。総面積に占める割合は山間地域（標高500メートル以上）が16.8％、高丘陵地域（標高200メートル以上500メートル未満）47.6％、低丘陵地域[5]（標高200メートル未満）が35.6％である。低丘陵地域の一部を除いて、耕地のほとんどが棚田であり、大規模経営の展開が困難である。

5）高丘陵及び低丘陵とは現地用語で、すなわち標高が異なるが全体的に平地ではないという意味する。本来、市の中心部も「低丘陵」に含まれるが、以下では行政機関が置かれ、商業が発達している中心部とその他の低丘陵地域を分けて考慮している。

2012年のＭ市の総人口は120.2万人で、そのうち農業戸籍が94.3万人と、全体の78.5％を占めている。市の中心部を除くと、農業戸籍の割合が極めて高い。Ｍ市における60歳以上の人口割合は2010年の10.6％から、2011年には12.5％、2012年には17.1％、65歳以上人口は2010年の8.4％から、2011年には9.5％、2012年には10.7％へと高齢化が進んでいる。非農業戸籍と農業戸籍別でみると、2012年の60歳以上人口のそれぞれの割合は12.7％と19.8％になっており、農村地域の人口の高齢化がより顕著になっている（2012年市内各地域の詳細については表６－２を参照）。

労働力の流出の割合は、中心部の13.6％に対して、他の地域では２倍以上の数値を示している（表６－２）。低丘陵と山間地域の一部では、労働力の半分弱の流出も見受けられる。労働力の省内での主な流出先は湖北省の省都の武漢市であり、従事する内容は建設現場や警備、販売などの低技能労働である。警備員や販売員の賃金が月額1,500～2,000元程度であるのに対して、建設現場では月額3,500～4,000元ほどであり、住み込みのため貯蓄率も非常に高い。しかし、重労働であるうえ、一定の危険性も伴う。また、医療保険や労災保険への加入もない。主にこの職業に就くのは、家計負担の重い20代後半から40代前半までの男性労働者である。

Ｍ市内にも警備員や販売員、飲食店員等の雇用機会はあるが、賃金は月額1,000元に満たない程度である。ただし、低丘陵地域の農民にとって、近傍にあるＭ市で働く場合は老親や子供の世話ができる。高丘陵及び山間地域の農民は、自宅から通勤することができないため、比較的収入の高い広東省や浙江省で出稼ぎすることが多い。彼らの主な就労先は、電子部品やアパレル製品、建築材料の製造工場である。賃金は月額3,000元程度で、帰郷するのは旧正月だけとなる。また、全体的にみればより高い賃金を求めて、貧困者はＭ市内より省外での就労を選ぶ傾向が強い。

高齢化が進むなか、高齢者の生活は主に労働収入と出稼ぎ家族による送金に頼っている。2012年、17.1万人の60歳以上の人口のうち、総所得に占める労働収入の割合は約40％、家族による扶養の割合は約48％、年金の割合は約10％、生活保護（低保）[6] の割合は約２％となっている。年金受給者が政府関係者、もしくは公立病院や学校等で正規雇用された経験を持ち、市の中心

表６－２　Ｍ市の人口、産業、経済の状況（2012年）

| 地域 | 立地 | 総人口（人） | 農業戸籍の割合 | 労働力流出の割合 | 省内流出の割合 | 60歳以上人口の割合 | 留守老人の割合 | 耕地面対平均比 | 農家の農業収入の割合 | 生活保護受給者割合 | 一人っ子親世帯の割合 |
|---|---|---|---|---|---|---|---|---|---|---|---|
| A－1 | 中心部 | 85,722 | 26.4% | 5.8% | 24.0% | 7.8% | 19.1% | 0.85 | 25.3% | 37.5% | 4.7% |
| A－2 | 中心部 | 24,800 | 19.0% | 12.1% | 26.7% | 2.2% | 5.2% | 0.63 | 10.3% | 64.3% | 10.7% |
| A－3 | 中心部 | 70,601 | 97.5% | 21.2% | 30.7% | 9.2% | 21.1% | 0.56 | 36.9% | 17.3% | 7.1% |
| A－4 | 中心部 | 80,685 | 27.4% | 15.1% | 9.4% | 2.4% | 15.2% | 0.49 | 4.6% | 6.0% | 7.0% |
| 平均 | | 65,452 | 42.6% | 13.6% | 22.7% | 5.4% | 15.1% | 0.63 | 19.3% | 31.3% | 7.4% |
| B－1 | 低丘陵 | 81,641 | 87.9% | 24.3% | 28.3% | 12.2% | 32.5% | 1.23 | 48.4% | 40.0% | 11.7% |
| B－2 | 低丘陵 | 59,730 | 91.8% | 49.4% | 18.3% | 27.5% | 66.7% | 2.12 | 83.4% | 58.4% | 0.5% |
| B－3 | 低丘陵 | 71,114 | 66.8% | 29.5% | 24.8% | 10.7% | 57.8% | 1.06 | 42.5% | 18.4% | 4.0% |
| B－4 | 低丘陵 | 62,318 | 98.4% | 31.1% | 13.4% | 17.8% | 59.9% | 1.09 | 63.8% | 13.4% | 2.4% |
| B－5 | 低丘陵 | 45,293 | 89.9% | 30.9% | 16.4% | 13.3% | 53.6% | 1.24 | 58.9% | 25.7% | 4.4% |
| B－6 | 低丘陵 | 32,520 | 87.0% | 36.9% | 23.3% | 26.1% | 48.5% | 1.14 | 39.8% | 61.4% | 4.4% |
| B－7 | 低丘陵 | 51,070 | 73.6% | 48.2% | 16.3% | 11.1% | 73.6% | 1.25 | 58.3% | 20.6% | 3.8% |
| 平均 | | 57,669 | 85.1% | 35.8% | 20.1% | 17.0% | 56.1% | 1.30 | 56.4% | 34.0% | 4.5% |
| C－1 | 高丘陵 | 54,767 | 86.0% | 34.0% | 18.3% | 12.3% | 37.6% | 0.90 | 60.3% | 32.6% | 3.7% |
| C－2 | 高丘陵 | 46,519 | 100.0% | 25.8% | 20.8% | 30.6% | 61.2% | 0.99 | 73.1% | 13.9% | 2.4% |
| C－3 | 高丘陵 | 74,123 | 79.2% | 21.6% | 21.9% | 11.1% | 31.0% | 1.23 | 74.9% | 12.0% | 8.1% |
| C－4 | 高丘陵 | 57,020 | 100.0% | 18.4% | 11.4% | 21.0% | 50.0% | 0.95 | 62.9% | 3.3% | 1.7% |
| 平均 | | 58,107 | 91.3% | 24.9% | 18.1% | 18.8% | 44.9% | 1.02 | 67.8% | 15.5% | 4.0% |
| D－1 | 山間 | 57,679 | 77.8% | 44.4% | 13.7% | 13.2% | 80.0% | 0.82 | 60.9% | 12.1% | 3.6% |
| D－2 | 山間 | 58,792 | 100.0% | 35.4% | 13.5% | 21.3% | 92.0% | 0.79 | 40.2% | 7.1% | 1.0% |
| D－3 | 山間 | 54,567 | 98.9% | 33.0% | 14.4% | 12.9% | 68.6% | 0.81 | 61.4% | 18.5% | 3.2% |
| D－4 | 山間 | 68,066 | 86.7% | 45.5% | 7.4% | 22.0% | 40.0% | 0.85 | 68.3% | 18.3% | 2.0% |
| D－5 | 山間 | 65,085 | 71.6% | 38.4% | 11.2% | 10.7% | 66.7% | 1.00 | 56.9% | 24.0% | 2.5% |
| 平均 | | 60,838 | 87.0% | 39.3% | 12.0% | 16.0% | 69.5% | 0.86 | 57.5% | 16.0% | 2.5% |

（出所）Ｍ市老齢工作委員会弁公室によるものに基づき、筆者計算

（注）　一人っ子親世帯の割合とは、60歳以上の全世帯に占める一人っ子世帯の割合である

部に集中していることを考えれば、農村高齢者のほとんどは年金を受けず、労働収入または家族による扶養で生計維持していると考えられる。8,369人の「五保」[7] 老人を除くと、4.8万人の高齢貧困者（市の中心では0.4万人、農村では4.4万人）のうち、労働収入で生計を維持する者は4.5万人（93.8%）である。生活保護はその6.2%しかカバーしていない。

さらに、留守老人（出稼ぎ等によって家族の労働力が不在となった高齢者）は9.3万人（男性4.8万人、女性4.5万人）、60歳以上人口の54.4%を占めている。その割合は郷鎮によって異なり、市の中心部では平均15.1%の低い水準となっている（表6-2）。それに対して、農業戸籍率の高い山間及び丘陵地域では極めて高い比率となっている。留守老人のなかで、5.9万人が孫の世話しており、さらにそのうち、5.6万人（94.9%）が農業労働に従事している。以上のことに基づけば、少なくともこの5.6万人の留守老人の出稼ぎ家族は、子供を連れて都市で暮らすことも送金で老親を養うこともできないほどの低賃金労働に従事していることが推測される。

## 2　労働力流出の実態と要因

M市の中心部に立地するのは2つの街道[8]、1つの開発区、1つの鎮であり、政府機関と商業施設が密集する場所である。中心部の経済構造は他の郷鎮と大きく異なり、年齢構成も若い。本章は労働力の流出傾向及びそれに

6）2007年に中国農村地域では公的な生活保護制度（「最低生活保障制度」通称「低保」）が導入され、給付金額も経済成長と共に上昇している。低保は後述の五保制度とは無関係である。

7）五保制度とは、中国農村地域で身寄りのない高齢者・孤児・未亡人・障がい者を対象に確立した公的扶助制度である。導入された当時の1956年の保障内容は、食料・衣服・燃料・教育（青少年のみ）・葬儀であったが、1994年の「農村五保扶養活動条例」と1996年の「高齢者権利保障法」により保障内容を食料・衣服・住宅・医療・葬儀の提供に変更した（王ほか、2003）。

8）街道とは中国の第4級の行政機関のことである。市（第2級行政機関）轄区の街道とは区の出先機関が管理する地区のことで、県（第3級行政機関）政府の管轄下にある街道は一般的に鎮の代わりに設置される。その場合は、街道が県政府の直轄であり、独自の自治体政府機関を持たない。

関連する諸要因を推察するため、Ｍ市の郷鎮の母数が20であることを認識したうえで、変数間の相関関係を求めた。表６－３はすべての郷鎮に対する分析結果であり、表６－４は市の中心部の街道・区・鎮を除いた農村地域の分析結果である。以下で示す相関関係は５％水準で有意性が認められたものとするが、サンプル数が少ないため、一部の相関関係に関して10％水準も参考的に用いる[9]。

まず、労働力の流出の割合は、60歳以上の人口の割合や留守老人の割合と相関関係が認められ、これは労働力の流出が農村地域の高齢化と留守老人の割合の増加をもたらしているという因果を示すものと解釈される。また、労働力の流出の割合と正の関係を持つのは、ダミー変数山間地域、農業収入の割合、農業戸籍の割合、耕地面積対平均比（各郷鎮の１人あたりの耕地面積と市の平均との比率である。労働力の流出割合と負の関係を持つのは、ダミー変数中心部、省内流出の割合、一人っ子親世帯の割合（高齢者が一人っ子の親であることを意味する）である。

以上の結果から、農業戸籍を持つ住民の割合が高く、地域経済の農業に対する依存が強く、都市化が遅れている地域の場合、労働力の流出も激しい傾向がみられる。この傾向から、都市化の推進により、将来的には労働力の流出問題が沈静化する可能性を読みとれる。しかし、都市化は非農業の発展やそれに伴う生活様式の変化の動態的な過程である。農業戸籍を非農業戸籍に変更させ、農民を農村から街に移住させれば、農村地域の問題が解決するとして中国各地で行われているこの「都市化政策」の妥当性と有効性が疑われる。単なる人口密度の上昇を狙う計画的な移住促進や農業戸籍から非農業戸籍への変更等を実施するだけでは、都市的な文化や住民の生活習慣、そして地域の経済構造や行政機能の変化など、いわゆる本質的な都市化につながらず、人口の流出も阻止できないことを指摘しておきたい。

都市と農村は産業的にも社会関係に関しても異質な地域であるため、両者

---

9）本書では、参考値として相関係数のｐ値をレポートするが、推測統計ではなく、記述統計の立場から相関係数の意味を解釈する。

を直接比較する表6－3の解釈には限界がある。同質の対象による比較を行うため、表6－4では農村地域に限定した16郷鎮で相関関係を求めた。その結果、農業戸籍の割合、耕地面積対平均比、農業収入の割合のいずれにおいても労働力の流出割合との相関の有意性が全く認められず、農業に対する依存度と労働力の流出との顕著な関係は見出せない。一方、表6－3と表6－4の両方において農業戸籍の割合と60歳以上人口の割合との間に強い正の相関がみられ、農村地域の高齢化傾向が認められた。

表6－3では、労働力の流出の割合と農業収入の割合との強い相関関係を示したが、表6－4では同様の相関関係が認められなかった。中心部の4郷鎮の労働力の流出割合と農業収入の割合は共に低いが、農村部ではその両指標の数値が共に高い。従って、表6－3の結果をもたらしたのは次の理由である。中心部では非農業産業が発達しており、農業収入の割合が低い。また、正規雇用や比較的収入の高い雇用機会が多く、労働力の流出割合が低い。つまり、この結果は農民の相対的な貧困を表しただけで、労働力の流出と農業収入の割合との相関を反映したわけではない。農村部に限定してみれば、両指標の間に関係性は存在しない。従って、少なくともM市の農村部では、農業の生産条件が必ずしも労働力の流出に影響しないことが示唆されている。

低丘陵地域は、比較的耕地面積が広く、生活保護も充実している。つまり、山間部及び高丘陵地域に比べ、低丘陵地域は、農業条件と福祉条件に恵まれている。にもかかわらず、低丘陵地域の労働力の流出の割合が高い。ただし、流出先として省内の割合が高い。高丘陵地域は、収入が農業に依存する傾向が強く、労働力の流出の割合が低い。本書は、この結果をもたらしたのは農業条件以外の要因、つまり、農業の低所得と交通の利便性の両方による結果とみている。低丘陵地域からは市の中心にある高速鉄道の駅にアクセスしやすいため、武漢市等の省内の都市部への移動は便利である。そのため、低丘陵地域の農民は省内での兼業がしやすい。それに対して、高丘陵地域からはM市の中心部への交通が不便であり、農民は兼業することができない。離農して出稼ぎ労働者になるか、専業農家になるかの選択に迫られる。

他方において、山間地域では耕地面積が狭く、農業だけでは生活を維持することが困難であるため、現金収入を求めて出稼ぎする傾向が強い。無論、

## 表6－3　各指標間の相関関係（20郷鎮）

| | | 労働力流出の割合 | 省内流出の割合 | 中心部 | 低丘陵 | 高丘陵 | 山間 | 農業戸籍の割合 | 60歳以上人口の割合 | 留守老人の割合 | 耕地面積対平均比 | 農家の農業収入の割合 | 生活保護受給者の割合 | 一人っ子親世帯の割合 |
|---|---|---|---|---|---|---|---|---|---|---|---|---|---|---|
| 労働力流出の割合 | r | 1 | -.413 | -.698 | .354 | -.217 | .454 | .522 | .485 | .733 | .498 | .614 | .021 | -.564 |
| | p | | .070 | .001 | .125 | .359 | .044 | .018 | .030 | .000 | .026 | .004 | .929 | .010 |
| 省内流出の割合 | r | -.413 | 1 | .348 | .217 | -.008 | -.554 | -.146 | -.191 | -.444 | .057 | -.263 | .502 | .623 |
| | p | .070 | | .132 | .358 | .973 | .011 | .539 | .420 | .050 | .813 | .262 | .024 | .003 |
| 中心部 | r | -.698 | .348 | 1 | -.367 | -.250 | -.289 | -.722 | -.616 | -.745 | -.547 | -.800 | .169 | .495 |
| | p | .001 | .132 | | .112 | .288 | .217 | .000 | .004 | .000 | .013 | .000 | .476 | .026 |
| 低丘陵 | r | .354 | .217 | -.367 | 1 | -.367 | -.424 | .201 | .211 | .228 | .660 | .178 | .359 | .001 |
| | p | .125 | .358 | .112 | | .112 | .063 | .396 | .373 | .333 | .002 | .454 | .120 | .995 |
| 高丘陵 | r | -.217 | -.008 | -.250 | -.367 | 1 | -.289 | .263 | .263 | -.090 | .027 | .403 | -.274 | -.079 |
| | p | .359 | .973 | .288 | .112 | | .217 | .263 | .263 | .707 | .910 | .078 | .243 | .742 |
| 山間 | r | .454 | -.554 | -.289 | -.424 | -.289 | 1 | .203 | .094 | .520 | -.247 | .171 | -.299 | -.386 |
| | p | .044 | .011 | .217 | .063 | .217 | | .390 | .692 | .019 | .294 | .471 | .200 | .092 |
| 農業戸籍の割合 | r | .522 | -.146 | -.722 | .201 | .263 | .203 | 1 | .701 | .603 | .343 | .749 | -.296 | -.473 |
| | p | .018 | .539 | .000 | .396 | .263 | .390 | | .001 | .005 | .139 | .000 | .205 | .035 |
| 60歳以上人口の割合 | r | .485 | -.191 | -.616 | .211 | .263 | .094 | .701 | 1 | .534 | .499 | .646 | .033 | -.638 |
| | p | .030 | .420 | .004 | .373 | .263 | .692 | .001 | | .015 | .025 | .002 | .889 | .002 |
| 留守老人の割合 | r | .733 | -.444 | -.745 | .228 | -.090 | .520 | .603 | .534 | 1 | .358 | .562 | -.304 | -.721 |
| | p | .000 | .050 | .000 | .333 | .707 | .019 | .005 | .015 | | .122 | .010 | .193 | .000 |
| 耕地面積対平均比 | r | .498 | .057 | -.547 | .660 | .027 | -.247 | .343 | .499 | .358 | 1 | .641 | .383 | -.271 |
| | p | .026 | .813 | .013 | .002 | .910 | .294 | .139 | .025 | .122 | | .002 | .096 | .247 |
| 農家の農業収入の割合 | r | .614 | -.263 | -.800 | .178 | .403 | .171 | .749 | .646 | .562 | .641 | 1 | -.179 | -.524 |
| | p | .004 | .262 | .000 | .454 | .078 | .471 | .000 | .002 | .010 | .002 | | .451 | .018 |
| 生活保護受給者の割合 | r | .021 | .502 | .169 | .359 | -.274 | -.299 | -.296 | .033 | -.304 | .383 | -.179 | 1 | .297 |
| | p | .929 | .024 | .476 | .120 | .243 | .200 | .205 | .889 | .193 | .096 | .451 | | .203 |
| 一人っ子親世帯の割合 | r | -.564 | .623 | .495 | .001 | -.079 | -.386 | -.473 | -.638 | -.721 | -.271 | -.524 | .297 | 1 |
| | p | .010 | .003 | .026 | .995 | .742 | .092 | .035 | .002 | .000 | .247 | .018 | .203 | |

（出所）M市老齢工作委員会弁公室によるものに基づき、筆者計算

表6－4　各指標間の相関関係（16郷鎮）

| | | 労働力流出の割合 | 省内流出の割合 | 低丘陵 | 高丘陵 | 山間 | 農業戸籍の割合 | 60歳以上人口の割合 | 留守老人の割合 | 耕地面積対平均比 | 農家の農業収入の割合 | 生活保護受給者の割合 | 一人っ子親世帯の割合 |
|---|---|---|---|---|---|---|---|---|---|---|---|---|---|
| 労働力流出の割合 | r | 1 | -.361 | .155 | -.590 | .386 | -.296 | .094 | .463 | .263 | .108 | .354 | -.430 |
| | p | | .169 | .568 | .016 | .140 | .266 | .729 | .071 | .325 | .691 | .179 | .096 |
| 省内流出の割合 | r | -.361 | 1 | .492 | .108 | -.628 | -.206 | -.065 | -.382 | .340 | -.257 | .465 | .688 |
| | p | .169 | | .053 | .689 | .009 | .444 | .810 | .144 | .197 | .336 | .069 | .003 |
| 低丘陵 | r | .155 | .492 | 1 | -.509 | -.595 | -.181 | -.022 | -.074 | .604 | -.235 | .556 | .244 |
| | p | .568 | .053 | | .044 | .015 | .502 | .936 | .786 | .013 | .381 | .025 | .362 |
| 高丘陵 | r | -.590 | .108 | -.509 | 1 | -.389 | .223 | .147 | -.434 | -.139 | .395 | -.294 | .058 |
| | p | .016 | .689 | .044 | | .136 | .407 | .588 | .093 | .609 | .130 | .270 | .832 |
| 山間 | r | .386 | -.628 | -.595 | -.389 | 1 | -.014 | -.114 | .485 | -.517 | -.118 | -.321 | -.315 |
| | p | .140 | .009 | .015 | .136 | | .958 | .675 | .057 | .040 | .664 | .226 | .234 |
| 農業戸籍の割合 | r | -.296 | -.206 | -.181 | .223 | -.014 | 1 | .607 | .082 | -.063 | .202 | -.097 | -.275 |
| | p | .266 | .444 | .502 | .407 | .958 | | .013 | .762 | .816 | .454 | .721 | .302 |
| 60歳以上人口の割合 | r | .094 | -.065 | -.022 | .147 | -.114 | .607 | 1 | .112 | .239 | .253 | .262 | -.478 |
| | p | .729 | .810 | .936 | .588 | .675 | .013 | | .680 | .372 | .345 | .326 | .061 |
| 留守老人の割合 | r | .463 | -.382 | -.074 | -.434 | .485 | .082 | .112 | 1 | -.098 | -.165 | -.244 | -.602 |
| | p | .071 | .144 | .786 | .093 | .057 | .762 | .680 | | .719 | .541 | .363 | .014 |
| 耕地面積対平均比 | r | .263 | .340 | .604 | -.139 | -.517 | -.063 | .239 | -.098 | 1 | .433 | .638 | .038 |
| | p | .325 | .197 | .013 | .609 | .040 | .816 | .372 | .719 | | .094 | .008 | .890 |
| 農家の農業収入の割合 | r | .108 | -.257 | -.235 | .395 | -.118 | .202 | .253 | -.165 | .433 | 1 | -.057 | -.210 |
| | p | .691 | .336 | .381 | .130 | .664 | .454 | .345 | .541 | .094 | | .834 | .435 |
| 生活保護受給者の割合 | r | .354 | .465 | .556 | -.294 | -.321 | -.097 | .262 | -.244 | .638 | -.057 | 1 | .172 |
| | p | .179 | .069 | .025 | .270 | .226 | .721 | .326 | .363 | .008 | .834 | | .524 |
| 一人っ子親世帯の割合 | r | -.430 | .688 | .244 | .058 | -.315 | -.275 | -.478 | -.602 | .038 | -.210 | .172 | 1 |
| | p | .096 | .003 | .362 | .832 | .234 | .302 | .061 | .014 | .890 | .435 | .524 | |

（出所）M市老齢工作委員会弁公室によるものに基づき、筆者計算

山間地域からM市の中心部への交通はさらに不便であり、非農業産業で働く場合は自宅から通えない。利益最大化を図って、出稼ぎ者は賃金と出稼ぎにかかる諸費用の両方を考慮して、市内や省内で働くより賃金の高い沿海地域で働くことを選ぶことが多い。

ここでは、労働力流出先の選択に影響を与える要因について総合的に検討してみたい。省内流出の割合とは、沿海部に流出せず、農村を離れても省内にとどまる労働力の割合を示す指標である。労働力の流出の割合と省内流出の割合との間には負の相関がみられ、出稼ぎが多い地域では、省内流出が少ない、すなわち沿海地域への流出が多いという傾向がみられる。表6-2も中心部・低丘陵・高丘陵・山間の順に省内流出の割合の低下、つまり、立地条件が比較的良い地域では労働力が遠方に流出しない傾向を示した。また、表6-3と表6-4で示す省内流出の割合と生活保護受給の割合とは正の相関を示している。従って、労働力の移動に影響を与える要因として、これまで多くの研究に指摘されてきた農業の低生産性、地域間の所得格差、社会福祉の充実度は重要である。本書は、さらに、交通の利便性が労働力流出の距離とパターンに影響することを明らかにした。

次に、労働力の流出に対する家族構成の影響について検討を試みる。注目する指標は一人っ子親世帯の割合である。本章は2012年のデータを用いたため、調査された60歳以上の世帯はその育児期に一人っ子政策が開始されており、通常16歳に達したその子供が労働力として現在家計を支えている。一人っ子政策の実施当初は、各世帯の多子志向が強く、人口政策が普及せず、表6-2に示すように各郷鎮の一人っ子の割合は低かった。ただし、市の中心部では一人っ子の割合が比較的高く、山間部に向かって低下していく傾向がみられる。また、農村部だけでも、市の中心部を含めても、一人っ子親世帯の割合は労働力の流出の割合との間では負の関係がみられ、省内流出の割合との間では非常に強い正の関係が認められる。この結果に基づいて考えれば、一人っ子世帯という家族構造は、労働力の流出を阻止することや出稼ぎ先としてより距離の近い省内を選択させる効果を有していることが分かる。

## 3　J鎮辺村の事例

大野晃（2008）は「65歳以上の高齢者が自治体総人口の半数を超え、税収の減少と老人福祉、介護、高齢者医療関連の支出増という状況のなかで財政維持が困難な状態にある自治体」を、日本における限界集落と定義した。定義の前半では量的な尺度を設け、後半では量的規定では把握できない部分を質的に提起している。それに対して、中国では労働力の流出の激しい村のことを「空心村」と呼んでいるが、農村地域の労働力の流出と過疎化を測る明確な基準は存在しない。また、ゆりかごと墓場の2つの機能を担う多くの農村地域では、労働力の流出により、移出元の経済活動や社会的共同生活の維持は確実に困難になっていても、児童の数が多いため、高齢者の割合からみれば上記の「限界集落」には相当しない。以下ではM市の北部に位置し、高丘陵地域に属するJ鎮辺村の事例を通じて労働力の流出が農業生産と住民の生活維持に与える影響について分析したい。

表6-2で示した通り、M市の中心部以外の地域のなかでは、J鎮（C-3）の高齢化は進んでおらず、労働力の流出率も低い。従って、M市の他の郷鎮と比べて、J鎮の労働力の流出が農業生産と農民の生活に与える問題はそれほど深刻とはいえない。J鎮の最も重要な産業は農業であり、世帯収入に占める農業の割合は74.9%となっている。主な生産内容は水稲と棉花の栽培であり、豚や羊などの家畜も飼われているが、自家食用のためのものが多く、ほとんど出荷されない。鎮内の所得格差は小さく、起業に成功した個別事例を除けば、世帯間の所得水準の違いはほぼ出稼ぎによるものとみられる。

2012年の辺村の総人口は679人で、労働力人口は420人である。村の耕地面積は883ムー（1ムーは0.067ヘクタールであり、883ムーは58.87ヘクタールである）で、うち水田が51.5%を占めている。1人あたりの耕地面積は1.3ムー（0.09ヘクタール）、労働力人口1人あたりの耕地面積は2.1ムー（0.14ヘクタール）である。高丘陵地域であるため、各農家の耕地は1枚には収まらず、数段の棚田に分かれている。いわゆる、零細分散錯圃制をとっている。用水路は人民公社の時代に建設されたものであり、1990年代まで村民が共同で修繕を行っていた。その後、出稼ぎが増えることによって村は労働力不足に陥り、修繕作業が中止された。2000年以降、灌漑には用水路の壊れていない部分が使われ、各農家がポンプとホースを用意して各自の水田や畑に水を引いている。地形に制限され大規模経営を展開できないため、土地の流動化は進んでおらず、村には農業生産合作社もない。特に高齢で農作業が困難な世帯は、作物の種を撒き、発芽するまで水やりをするが、それ以外の作業はしない。以上の作業は年間1ムーあたり100元程度の農業補助金を得るためのものであり、満足な収穫は望めない。そして、労働力が流出して生産が行われていない農地のほとんどは放置されている。

村で用水路の工事を行えば、以前のように農業を復活させることができ、高齢者世帯も生産が行える。しかし、工事及び完成後の維持管理に資金と労働力が必要となる。また、工事への協力を望まない農家を動員することなどには複雑な人間関係が絡んでおり、住民は用水路の補修は困難であると主張する。時間と労力を費やして得られるわずかな農業所得より出稼ぎのほうが高い収入を得られるため、出稼ぎが可能な者は全員離農している。労働力不足によって土地改良や耕地整理、灌漑工事等の生産環境の整備と維持がさらに困難になり、生産高の維持はもっぱら化学肥料に依存している。化学肥料の使用によって土壌が固くなり生産性が落ちているが、隣人が放棄した耕地を借りて輪作する農家もいるものの、高丘陵の地形に制限され、他人の耕地を借りて大規模化を図る農家は4～5世帯しかおらず、最大でも6ムー（0.40ヘクタール）程度の生産規模である。機械化しなければこれ以上の生産はできない。低収入と労働力の流出という悪循環のなかで、組織的な農業経営が完全に崩壊し、農業に依存せざるを得ない農家は厳しい条件の下で生産性の低い農業を継続している。

村民679人のうち60歳以上の者は78人で、人口の11.5％を占めており、16歳未満は181人で、人口の26.7％を占めている。生産年齢人口の420人のうち252人、60.0％が流出している（広東省と浙江省に合わせて130人と武漢市に122人）。また、鎮内のレンガ工場で120人（32.3％）が働き、賃金は1日あたり60元支払われているが、重労働の割には賃金が低い。しかし、彼らは自宅から通えるため、家族の世話が可能である。

辺村の留守老人は6世帯、留守児童は18世帯、留守老人と留守児童の同居世帯は32世帯、つまり全176世帯のうち、31.8％の世帯には生産年齢の労働力がいない。留守老人は58人で、60歳以上人口の74.4％を占めており、留守児童は67人で、16歳未満人口の37.0％を占めている。しかし、家族の世話を可能にしているレンガ工場が周辺の土地を汚染したため、閉鎖処分の通達を受けている。工場が閉鎖されれば、120人の労働者は職を求めて鎮外に出ざるを得ず、そうなると地元に残る青壮年労働力は48人となり、流出する労働力は88.6％に達する。その場合、残された307人のうち、60歳以上人口は25.4％になり、高齢問題がさらに深刻になる。

116万元の農業総所得を307人で割ると１人あたり年間3,779元となるが、種子・農薬・肥料等の費用を除くと、農業補助金を算入しても１人あたりの所得は年間2,380元（筆者による調査で得られた数値）程度で、１日あたりわずか6.5元である。これは、2012年当時の中国農村貧困ラインでの１日８元を下回ることになる。厳しい生活条件のなか、出稼ぎによって収入を得た世帯は村に３階建て（デザインも大きさもほぼ同じ）の住宅を新築している。その価格は24〜26万元（内装費用によって異なる）であり、初期費用を除いて年間７％の住宅ローンで購入するのが一般的である。返済のために、夫婦共に出稼ぎする場合、月収約6,000元のうち5,000元が返済に充てられる世帯が多く、生活費を節約することで10年以内の返済を目指している。新築した住宅には老親と子供を住まわせ、生活の場所を提供している。返済が完了するまで、各世帯に貯蓄は形成されがたく、突発的な出費のための蓄えもない。

村の財政は一般的に鎮政府によって支給される人件費以外、他の収入は村の公営産業に頼るしかない。農業しかない辺村の公的な財源は、公有地で行われる食料生産以外に存在しないが、労働力不足によって生産は行われていない。村民委員会は高齢者の医療や介護等に対する支援をほとんど提供できず、村に医務室は１室あるが、医師と看護師がおらず、薬品もほとんど置かれていない。６キロメートル先の鎮病院は出産と盲腸の手術には対応できるが、それ以上の処置は市病院でしか行えない。病院に行くための公共交通機関はなく、緊急の場合は近隣同士での助け合いに頼っている。昼間の交通手段は村民が所有する２台の自動二輪車だけであるが、夜には、隣村の乗用車１台が利用できる。

## 第３節　三農問題の解決の困難性と問題点

農村地域の貧困と格差に関する諸問題を解決するため、M市政府は中央政府の政策に合わせて積極的に戸籍制度・土地制度・社会保障制度の改革に着手し、外部からの投資を誘致するなど、都市化・市場化・産業化を推進している。

しかし、現実的にみれば、M市で工業生産を行う場合、原材料の調達や人材の獲得、労働力の訓練、製品の輸送に関して他の地域に比べ高いコストがかかる。製品の地元での消費を図ろうとしても、地元は産業が成り立つほどの大量生産に応える消費能力を有していない。つまり、効率的な生産財市場と消費財市場が形成されない。このように、地域内における産業の育成とその活動の展開が望めないため、産業化と市場化による経済発展の可能性は否定される。それだけではなく、市場経済の浸透によって都市部で生産される工業製品が農村の消費市場を席巻し、地域内の小規模な工業生産に打撃を与えている。かつて地元で活躍した郷鎮企業も市場化のなかで相次いで倒産し、現在市の中心部で大規模な店舗を構えているのはウォルマートをはじめとする大手企業であり、陳列されている商品は武漢等の大都市部と同じものである。

2012年のM市の総生産に占める第２次産業の割合は44.0％であり、３つの産業のなかで最も高い割合を占めていたが、2018年の第２次産業の割合は38.9％に、5.1ポイント低下した。また、同時期における第１次産業の割合は24.6％から18.3％に、6.3ポイント低下した。それに対して、第３次産業の割合は31.4％から42.8％に上昇した。他方、人口変動をみると、戸籍登録者は2012年の120.2万人から2017年末の116.0万人に減少し、そのうち農業戸籍住民は94.3万人から95.0万人に微増している。それに対して、非農業戸籍住民は2012年の25.9万人から21.0万人になっており、一人っ子政策による結果と戸籍制度の緩和に伴う移住によって非農業戸籍住民のほうが大きく減少している。ただし、実際の居住地に関しては、市の88.8万人の常住人口のうち40.9万人が市内の都市部に、47.9万人が農村部に常住している。すなわち、農村人口のうち49.6％が流出し、さらにおよそその半分が市内の都市部に常住している。2013年から2018年までの間、M市における労働力流出の状況はほぼ変化していない。上記の人口構造の変化に基づいて産業構造を説明すれば、第3次産業の割合の拡大は都市部への移住、つまり、都市化による結果というよりも、農業の生産規模の縮小するなか、市場経済の浸透と流通の発達により工業生産が打撃を受け、生産額の比率を縮小したことによるものと推測するのが妥当であろう。

多くの研究は三農問題を戸籍制度下の農村地域の市場化・都市化・産業化の遅れと考えており、その解決には財政及び税制改革による農家への所得移転の拡大と農民の政治的権利の強化に加えて、人口の移動、移住の自由化、土地の流動化の促進が必要と認識されている。いわゆる、都市と農村における生産財と消費財市場の二元構造の撤廃である。しかし、1990年代以降の経済改革の推進により、公共サービスを除く諸市場の統合が急速に進められている。都市周辺における大規模な農地の転用と、中国全体で2億人以上ともいわれる流動人口は生産財市場の流動性を高めた。商業の発達に伴い、消費財市場の二元構造はもはや戸籍制度の形骸化と共に消えつつある。市場経済を推進した結果、生産性の低い郷鎮企業の経営不振や大量倒産が発生して、農村の優秀な人材や若年層が都市に流出し、農村地域の発展機会を奪うなど、いわゆる農村地域が受ける「二次被害」[10]は、消滅しつつある「二元構造」の産物というよりも急進的な市場化、すなわち都市と農村における生産財・消費財の市場統合によるものと判断するのが妥当であろう。都市と農村の激しい貧富の格差の下で土地の自由化を推進すれば、農民は最後の財産である土地まで安価で収奪されるうえ、低技能かつ低所得労働力になり、いわゆる「三次被害」を受けることになる。画一的な市場化に伴う構造再編では、三農問題を解決することはできない。

立地条件だけではなく、家族構成も農村労働力の流出に影響を与えている。上述したように、一人っ子親世帯の割合が労働力の流出量と流出先に対して

---

10）農村地域の発展機会を奪う「一次被害」とは、中国の都市農村における二元的な戸籍制度・土地制度・社会保障制度に起因する都市と農村間の就業・収入・社会保障の格差・安価な農産物による農民の財産の収奪を指す（劉ほか、2011：37）。

影響を与えており、留守老人の割合の上昇を阻止している。言い換えれば、「子供が老親を扶養する」という伝統的な家庭観念が機能している中国では、扶養義務を1人の子供に明確に限定することで労働力の流出を阻止している。しかし、出稼ぎを阻止することは労働者がより高い賃金を求める機会を奪い、農業や農村に縛り付けることでもある。そのため、農業経営により所得の向上が図れなければ、農村に残る労働力の貧困化を容認することになる。多くの研究は中国の構造転換後の農業経営を念頭に労働力の流出を推奨しているが、農村から人口の移出が完了するまでの間、中国の農民、特に不利な条件を持つ地域の農民が如何にして農業経営を維持し、生活水準の向上を図るのかという課題は極めて大きい。

## 第4節　農業政策の検討

現在中国では労働力の流出への対策として農業の大規模化を図っているが、M市のような地域では労働力が流出しても、機械化が展開できず、農業の生産性の向上は望めない。農業以外の技能と経験を有しない者は都市に移動しても高所得が保証されず、農村貧困者から都市貧困者へと変わるだけの結果となることが考えられる。特に、中高齢者の場合、よりそうなるリスクが高い。中国の条件不利地域の大きな人口規模を考えれば、農業経営の大規模化による問題解決はほぼ不可能である。

中国の中南部稲作地域の多くは、文化的な背景を除き、気候や地形、耕地面積など農業生産に関する大まかな条件は日本の稲作地域と類似している。日本に比べ、中国は耕地面積に対して人口の規模がさらに大きく、非農業部門の雇用創出に対する圧力も大きい。非農業部門による雇用創出が不十分であれば、農地の人口扶養能力の向上や農村地域の経済的自立を目指す必要性は日本より高い。農家の生計を維持するには、農村社会の連帯構築と組織化農業の実現、すなわち日本のように共同体的な関係に基づく農業経営の展開が有効だと考えられる。しかし、第3章で説明した通り、中国農村社会では日本のような共同体関係が存在しておらず、高い交渉コストが組織化を阻止する。貧困問題を抱えていない日本の農村社会とは異なり、中国では過度な労働力の流出が農村の協働と連帯をさらに弱め、残された住民の生計に支障を与えている。

農業経済を守るため、日本は市場原理から遮断する農業政策を展開してきた。農地の取引は農業の維持と発展のための農業委員会や農地中間管理機構等によって管理され、市場経済による影響が遮断されている。社会生活においても、一定の永続的な組織にまとめていく力は、個々の農民を超えて農民を規制し、地方自治体は包括的な生活の場であるだけではなく、市場経済の影響を是正する組織にもなっている（斎藤、1989：49-64)。市場原理から守られた農村地域では、労働集約型でありながら、小規模生産のなかで品種改良を重ね、高付加価値化によって単位面積あたりの生産性の向上を実現した。その結果、日本は小農経済を維持しながら、1965年に農村からの人口移動が完成すると同時に、農業世帯の平均所得が非農世帯のそれを上回った。日本の経験は中国の山間地域にとって参考になる。

## 小括

本章の調査結果で示したように、農業の大規模化を図れない山間地域は、有効な産業政策と保護政策を実施せず、市場経済を推進すれば、労働力の移動を促進し、過疎化をもたらす。高齢者を抱える世帯をはじめとする出稼ぎしない世帯は小規模農業に従事し、十分な社会保障も得られず、貧困に晒される。

中国の農村では、日本のように共同体関係に基づく組織化は期待できないが、合作社や公的支援による非営利目的の生産組織を立ち上げ、農業経営の組織化を図るメリットは大きいと思われる。日本では農協による管理が農家の自主性を制限し、生産意欲を阻害すると指摘されている。しかし、中国は構造転換が完成する前の段階にあり、所得向上をもたらす組織化は農家の生産意欲を阻害する可能性が低い。むしろ農業の安定的な生産と技術の普及に寄与することが考えられる。

また、農業近代化を実現する組織化のために、中国では交渉コストを回避するための効果的な方法が求められる。実際、農村の現場ではすでに様々な取り組みを試みている。以下の各章では三農問題を解決する処方箋を導き出すために、それぞれの事例村における取り組みの特徴と問題点について検討する。

# 第 7 章

# 農業経営の大規模化の効果と影響[1)]

## —湖南省Ｓ県の事例—

## はじめに

農地の分散所有に基づく農業経営は効率化を図りにくい。一方、土地集積による大規模生産は効率性の問題を解決するが、土地の所有権（中国の場合は請負権）の移転に伴い、土地を失った農民の小作化や貧困化が危惧される。他方、所有権の移転を伴わない農地経営権の調整に基づく経営の組織化は、生産者の連携を分断せず、互いの生産活動を補完し合い、土地集積による農家の階層分化を避けながら生産性の向上に導きうる。従って、組織化は平等性と効率性を兼ね備えた理想的な経営方法として期待が寄せられている。実際、2013年以降の中国では農地に対する請負権と経営権（耕作権）の分離、契約に基づく権利の確定、そして経営権の移転が推進されてきた。それぞれの地域は各自の特殊性に基づき、異なる農業経営を展開することが可能となり、上述した効率性と平等性が両立する農業経営に近づいている。その一方で、画一的な大規模化の推進は効率性の向上を実現すると同時に、小規模農家の経営と食料の供給に影響を及ぼすことが指摘されている。

食料の安定的供給と農家の保護は、農業政策の主要な目的になっている。土地集積による大規模化は生産効率を上げ、その生産に携わる生産者の所得の向上に寄与するが、土地生産性が上昇していないため食料生産量の増加にはつながらない[2)]。土地生産性の上昇が望めない場合、食料の供給量は生

1）本章は「中国における農地流動化の推進と農業経営への影響：湖南省Ｓ県の事例」（『中国21』第53号、2020）の一部を加筆修正したものである。

産面積に比例する。過度な土地集積によって農民の階層分化が進めば、生産の大規模化や高付加価値化の図れない小規模農家は高い所得を求めて離農し、それに伴い放置される農地が増えれば、全体的な生産規模が縮小し、総生産量の低下を招く。その結果、食料安全保障の問題を深刻化させる。食料安全保障の問題が盛んに議論されているなか、中国の農業生産の維持と農家の貧困問題の解決は急務とされ、生産者の多数を占める小規模農家の位置付けをどう考えるかは重要な課題である。

本章の目的は、まず農地流動化がもたらす生産性向上への効果と農業経営に与える影響を念頭に置き、中国の農業政策的な狙いと三権分置がもたらす土地集積の効果について分析する。そして、中国と同様、農業における小規模経営の問題を抱える日本に関する研究と中国国内で発表された文献を踏まえて、農業経営の大規模化とその影響について検討する。また、湖南省Ｓ県の事例を基に、現在推進されている農業企業と専業農家による大規模経営が小規模農家を排除する仕組みも分析する。最後に本章を総括すると共に政策への提案を試みる。

## 第１節　中国における農業経営体制の変遷と政策的狙い

改革開放政策実施以降、経済開発を政策の中心と位置付けた中国政府は一部の地域と産業部門を優先的に発展させた。その後、拡がった農工間の経済格差の是正にあたり、農民の貧困問題の基本的な背景として零細かつ分散した土地利用に基づく低生産性が指摘され（大島、2011）、大規模農業経営の育成の重要性が強調された（大島、2016）。しかし、余剰労働人口が蓄積しやすい農業の特殊性に加え、巨大な人口規模と農業に対する高い依存度を有する中国の状況からみて、農業分野における生産の効率化は農民所得の平等性を

2）大規模化による農業生産の効率化は経営面積の拡大に伴う単位面積あたりの労働力と機械の投入の節約、すなわちコスト削減による利益の拡大である。平均労働生産性の上昇により農業経営からの所得は向上するが、単位面積あたりの生産量の拡大、いわゆる土地生産性は向上しない。

犠牲にするリスクが極めて高い。そのため、労働力全体の25.1%（2019年）を占める農業労働力を抱え、政権の安定を目指す中国政府は、農民内部の階層分化を防ぐことを重要な課題とみなしている。

1978年、土地請負権の出現と拡大及び穀物の「自由市場」での取引の容認によって人民公社の機能が失われ、1982年の憲法改正と共に人民公社は正式に解体された。農業生産における中央指令・統一計画・共同管理による経営体制は終わったが、土地公有制の下では農民内部の階層分化が起きにくいこと、そして集団経営による土地整備のメリットも確認された（田原、2018a）。これらの点を踏まえて、その後の一連の農業経営体制の改革が図られた。

1980年代前半に結ばれた15年間の請負契約（承包経営権）の核心は「生産高連動請負責任制」であり（徐、2013）、これは農民の生産意欲と生産能力を引き出し、「余剰」農産物の処分権を認めることであった。1990年代半ば、請負期間の満了を迎えた農民に対して新たに30年間の請負期間を与え、農民の自発的な農地貸借による大規模経営への集積を促した（大島、2016）。

しかし、この時期の請負権は物権、すなわち土地を所有し、任意に使用や処分する権利ではなく、土地の所有者である「農民集団」が、借用者である個別の農家に対して持つ非排他的で、使用目的が限られた経営権、いわゆる債権であった（小田、2004）。債権の法的効力は物権より低く、排他性も有しないため、請負者である農家は、所有の代行者である行政[3)]からの債権の譲渡や使用目的の変更を拒否することはできなかった。そのため全国的な不動産バブルと建設ラッシュに便乗した、地方行政による強制的な土地収奪事件が頻発した。

2003年、『農村土地請負法』の制定に伴い、土地請負権は物権化され、流通可能である旨が明文化された。2008年に採択された「農村改革・発展を推進する若干の重大問題に関する中共中央の決定」では、請負権の延長や確立、登録を基に、大規模経営を発展させるために請負権の流動化が容認された。

---

3）法律では土地所有権は「農民集体」にあると定められているが、「集体」の概念は抽象的であり、実質的な所有権は地方行政に握られている。

2013年に所有権・請負権・経営権の「三権分置」が打ち出され、大規模経営は「容認」から「推進」へと変わった（大島、2016)。以上には、中国における農業経営体制の軌道修正をみることができる。つまり、流動化するのは経営権であり、請負権ではないことが示されたのである。

『中国農村経営管理統計年報』（中国農業部）によれば、2009年に12.0％であった農地流動化率は2016年に35.1％に達し、同期間の村内の農地流動化が全体の61.8％から55.2％に低下、そして、経営者の非農家率は28.4％から41.6％に上昇した。政府による農地集積や大規模経営に対する補助金及び農地貸借取引への支援を背景に、農地取引市場が徐々に形成され、農業経営には大規模化だけではなく、都市資本による参入も進んでいる。

中国の農業従事者１人あたりの耕地面積は0.80ヘクタール[4)]程度で、日本の2.53ヘクタール[5)]の３分の１以下となっている。特に長江流域以南の稲作地帯は零細分散錯圃制をとっており、農家単位の生産活動は日本以上に成り立ちにくい。小規模の請負によって土地や水等の天然資源と人的資源の結合が分断され、家族を基礎とする農業経営は自己完結ができないため、生産手段の補完を地域外の市場に求めるしかなかった。1980年代以降、本来村に期待されるはずの土地改良や耕地整理、灌漑工事等の生産環境の整備と維持が得られないことにより、地力の維持増進が図れなくなった。中国の農産物生産の増加は肥料・農薬・労働の投入に依存し、基盤整備の欠如はその後の農地生産性の低下と環境問題の悪化につながった（高橋、2008：197-257)。

灌漑施設の整備を含む土地改良とそれを支える組織管理は、農業生産にとって必要不可欠である。そのことに気づいた政府は2003年から始まる一連の政策の実施により、軌道修正をしながら農村における土地の所有及び利用に関する権利について三層構造を作り上げた。第１の権利として、社会主義による社会制度を維持するという大前提の下で、土地に対する所有権は農民集団のものであり、その代表である政府が従来の通り土地に対して最終的な

---

4）『中国統計年鑑2018年版』（2019）による計算である。
5）『農林水産省基本データ集』（2019）による計算である。

処分権を持つ。そして、第2の権利として、土地に対する最終的な処分権は認めないが、土地を請け負った農民には所有権に近い請負権を与える。請負権を確定し、それを固定することによって農民の土地財産を確保する。後述する調査地でも行政が請負農家と経営農家にそれぞれ異なる補助金を支給することで、請負権は農家の資産収入として活用されている。さらに、第3の権利として、経営権の移転によって土地の流動化を促し、農業経営の大規模化を図る。この構想の下においては、経営効率の低い農家は土地の経営権を譲渡して離農し、請負権によって資産収入を得て、生活の補填に充てながら他の産業に進出することが可能である。従って、一連の政策には過度な土地集積を防ぎながら大規模経営を同時に実現する狙いが窺える。

## 第2節　大規模経営と農地利用に関する議論

農業経営の大規模化による生産性の上昇は中国において普遍的に認められているが、特に2000年代半ば以降、農地集積や大規模経営に対する政策的な支援を受け、土地流動化の進展が農家の資源配分の効率性に与える効果が明らかにされている（竇劔、2011）。農業生産性の向上を中国の土地制度と農業政策の「核心目標」とみなした劉同山（2018）は、中国の北部にある黄淮海農区の小麦生産を対象に、土地流動の推進と制度上の不備による予想損益を計算し、生産意欲の低い農民の離農と土地集積の有効性を確認した。また、胡新艶ほか（2018）は小規模経営問題が突出する広東省を調査し、農地に関する権利の確定が土地の流動化を推進する効果を認めた。さらに、林文声ほか（2018）は農業条件の異なる地域を対象に調査し、機械化が導入しやすい地域では土地権利の確定と土地の流動化が農業経営の効率化をもたらすことや、畑作地域ではその効果がより顕著であることを実証した。農家間の農地貸借だけではなく、合作社が媒介となり、組織化することによって小規模農家は「分業に基づく協働」の恩恵を受けていること（徐・呉、2018）、そして協働による小規模農家の生産コスト削減効果（阮、2019）が認められた。

生産性の低い農家の離農は土地・労働力・資本資源の再配置であり、経済構造の転換という観点からも合理的である。しかし、非農業部門の拡大による需要ではなく、人為的な構造転換や離農を促すこと、すなわち政策的に労働力の供給を拡大させる場合は、農業から排出された労働者が他の産業にスムーズに吸収されず、貧困化する恐れがある。

沢辺恵外雄と木下幸孝は、1975年の日本の水稲生産における0.3ヘクタール未満の生産規模と比べ、3ヘクタール以上の場合の1アールあたりの農具費と労働費、そして費用合計はそれぞれ19.8%、47.8%、37.3%も低かったとして、規模の経済によるメリットを認める一方、市場経済の浸透が農村住民や生産者の連携関係の切断を招き、「分散の不利益と共同社会の崩壊」をもたらすことを危惧した（沢辺・木下、1979：13-14）。日本における経営権の移転に基づく集団的土地利用及び専業農家への集積に対して、和田照男は、規模の経済の利益追求が基本となり、経済効率性を重視することで集落が本質的に持つ平等・公平の原則に抵触すると批判した（和田、1988：39-48）。また、法律や制度あるいは補助事業によって生産組織を作ることは、高い地代と弱い耕作権を固定化させ、個別経営の発展の妨げとなることを指摘した。さらに、大規模経営の育成は競争原理に基づく弱肉強食の状況を生み出し、農村地域社会の維持と存続に悪しき結果をもたらすことを危惧した永田恵十郎は、大型経営の専業農家の育成路線では、多数派を占める兼業農家が農業生産から切り離されてしまい、その定住条件を弱めることから、地域社会の空洞化を促進する可能性を示唆した（永田、1993）。つまり、これらの研究は日本を事例としながら、土地の経営権の移転に伴う農業経営大規模化に対して、小規模生産者への不利益や共同体の扶助機能の破壊、農村地域の過疎化等の問題を引き起こすことに注意を促した。

中国でも、専業農家と農業企業による土地集積の推進に伴う問題を取り上げる文献がみられる。2004年から2016年の「中央一号文件」を分析した黄宗智は中国農政の長期戦略について、有利な土地資源と高度な機械化を実現した諸国に対する競争力を高めるための「企業型農業」による大規模化戦略と説明し、その方針には規模生産の効果に対する過信と小農に対する過小評価がみられると批判した（黄、2017）。また、小規模農家の生計維持の視点から、杜鷹（2018）は「英米的な」土地集積に基づく農業経営の大規模化による影響を懸念し、李雲新と王暁璇は「三権分置」の概念が打ち出された約2年後に政策的な土地流動化の推進が大規模な農業資本による支配を招き、交渉力の弱い農家の生産規模の拡大を阻止し、最終的に専業農家を追い出すことや利益重視の外部資本による農地破壊の可能性を危惧した（李・王、2015）。さらに「分業に基づく協働」に伴うコスト削減について、李と王は本質的に企業である合作社にとって、利益の追求は最終目的であり、小規模農家による大規模生産への参加は形式的なものに止まり、市場活動のなかで小規模農家は最終的に競争相手、またはコストを転嫁する対象にされることを批判した。李と王の影響を受けた葉敬忠ほかは、オランダの協同組合と日本の農協を踏まえて、中国農業の近代化と小規模農家の権益保護を両立させるために農家の連合による生産者の保護と、農産物価格の決定権の獲得以外に補助金の重要性を指摘した（葉ほか、2018）。それに対して、黄小安ほかはマクロデータを用いて、食料生産に支払われる補助金の小規模農家の経営に対する保護効果を否定している（黄ほか、2019）。

全国的にみれば、農業生産の効率化は必要不可欠である。しかし、不利な農業条件を持つ地域では一方的な大規模化による生産効率の向上は様々な問題を引き起こす。次節では湖南省Ｓ県の行政機関・専業農家・企業への訪問調査に基づき、専業農家と企業の活動や補助金の支給という視点から、土地集積の実態と生産者の所得状況について分析することによって小規模農家への影響を考察する。

## 第３節　Ｓ県における農業大規模化の実態

### １　調査地の概要

婁底市Ｓ県（県級、第３級行政単位）は湖南省中部の丘陵地域と西部の山岳地帯の隣接地域に立地し、北東方向にある省都長沙までは直線距離で134キロメートル、自動車だと国道320号線経由で約２時間程度である。Ｓ県は15の郷鎮と１つの経済開発区を管轄し、2017年の人口は約92万人、そのうち農業人口は約78万人である。面積は1,712.5平方キロメートル、年平均気温は摂氏17度、平均降水量は1,300ミリメートルである。総面積のうち、山地は26.0％、丘陵は47.9％、平地は24.1％、河川は2.0％を占めており、土壌は粘土質の赤土が主である。Ｓ県に対する調査は2016年から2020年にかけて実施した。

中国の主要な米産地である湖南省の中でも、Ｓ県は稲作が基盤産業として突出している。75.3万ムー（5.02万ヘクタール）の耕地のうち水田が59.6万ムー（3.97万ヘクタール）、そのなかの49.9万ムー（3.33万ヘクタール）が稲作補助金の対象となっている。補助金の対象にならない土地ではほとんど生産が行われておらず、放置されている状態である。しかし耕地の転用と放置は厳しく禁止されているため、放置されていてもその実態は隠して計上されている。耕地面積について湖南省では、このような報告が一般的に行われている。近年、Ｓ県では産業構造の調整が促進され、2019年２月の「県委経済工作会議文献」によれば、2017年の第１次・第２次・第３次産業におけるそれぞれの生産額の構成比は27.9％、38.1％、34.0％であったのに対し、2018年には19.6％、41.3％、39.1％と急激に変化している。こうした変化は工業生産の急成長によるものである。

Ｓ県では農業経営の大規模化政策の推進により、農業企業と農民専業合作社が急速に成長している。県の農業局によると2016年１月に156社だった農業企業が2019年１月には403社に増え、登録資本金の総額は7.5億元から23.2億元に拡大した。投資者の人数は315人から796人に大幅に増え、さらに雇用者数は14人から445人に増えた[6]。そのうち、都市資本による投資は54社（2.5億元）から79社（6.3億元）に増加したが、投資件数と投資総額においてそれを上回るかたちで、農民による投資の拡大が著しい。また、同時期の合作社は、545社から1,631社に増え、出資金の総額は20.5億元から62.3億元に拡大した。合作社の組合員は7,070人（そのうち農民は7,015人、99.2％）から12,834人（そのうち農民は12,245人、95.4％）に増えた。規模の拡大以外に、ここでは合作社の業務内容に注目しておきたい。本来合作社の役割として「一部の生産過程を小規模農家に提供すること」が期待されてきたが、2016～

6）雇用人数は長期雇用のみとなっており、臨時雇用の人数は含まれていない。また、多くの農家は補助金を獲得する目的で企業を設立しているため、労働者を長期雇用しない。

2019年の間に農産物の販売を行う合作社が３社から１社に減り、それ以外の生産財の購買や農産物の運搬、貯蔵や技術の普及等において小規模農家を支援する合作社は全く存在しなくなった。その代わりに、農産物の加工を行う合作社は66社から123社、養殖業は122社から293社、農業生産は329社から1,160社に急増した。合作社は農作業や農家の経営を支援するという本来の目的から生産目的に意義を変え、企業化したといえる。

403社の農業企業と1,160社の農業生産を行う合作社、併せて1,563社に所属する経営者と従業員及び組合員は１万人弱である。これは県の農業総人口の1.5％にも満たず、それに対して、８％未満の農業従事者が水田総面積の約60％で生産し、上位層の生産規模は拡大し続けている。専業農家と農業企業の急成長の背後には大規模経営に有利な補助金制度が存在している。

## 2　土地集積を促進させた補助金制度

水田に対する保護及びその生産能力を維持するため、Ｓ県は３段階に分けて補助金制度を設けている。各年の『Ｓ県農業支持保護補貼資金配置方案』（Ｓ県人民政府弁公室）によれば、第１段階は「耕地生産維持金」と称されるもので、2016年から請負農家に対して、水田１ムーあたり年間105元の補助金を支払うものである。第２段階は経営農家に支払われる「農業経営補助」である。農業局の審査を受け、支給対象となった農家に対して、１ムーあたり2016年は210元、2017年は290元、2018年は300元が支払われた。第３段階は大規模経営に支払われる「大規模農業経営補助」である。この補助金は大きく分けて４つの部分から構成される。１つ目は面積補助で、稲作の二期作を30ムー（２ヘクタール）以上経営する者に対して、2016年は年間１ムーあたり70元、2017年と2018年は40元が支払われた。補助金の金額は経営面積や栽培する品種等によって細かく規定され、農家ごとに異なる金額を支給している。２つ目は新規補助で、大規模経営を行う新規の合作社と農業企業に対し、生産規模に合わせて、それぞれ５千元・１万元・1.5万元・２万元の一時金を支払うものである。３つ目は大型機械への補助で、大型の田植え機や乾燥機、育苗ハウスの新規購入に２割から半額までの補助金を支払うものである。４つ目は災害保険で、大規模経営者に災害時の収入保障を行うものである。これら以外にも実験農家や新品種普及実験農家等に指定された場合、耕作面積に合わせて補助金が支給される。さらに、年によって異なる一時金や補助金が支給されている。2016年には1,000ムー（66.67ヘクタール）以上の経営者に生産規模に合わせて、5万元・6万元・7万元の一時金が支払われた。2017年には1枚の水田の面積が100ムー（6.67ヘクタール）を超えるものに対して、1ムーあたり40元の補助金が支払われた。S県では、2018年には生産実績が顕著である合作社81社に合計798万元の補助金が支払われた。大規模経営者を支援する予算総額は、2016年には904万元の新規予算と158万元の繰越金を併せて1,062万元、2017年には759万元の新規予算と410万元の繰越金を併せて1,169万元であった。2018年も2017年と同額の予算総額を確保した。

### 3　専業農家と農業企業の事例調査

本章では、S県の経営規模の大きい専業農家と農業企業を有する2つの村を対象に訪問調査を行った。

事例1：専業農家、A氏、男性（1971年生まれ）、湾村在住

湾村には500世帯余り、2,068人が登録されており、水田の総面積は1,660ムー（110.67ヘクタール）である。50歳以下の労働力のなかでおよそ500人前後は広東省等の沿海地域に出稼ぎに行っており、月給は平均3,000元ほどである。県内に就労する場合は主に靴工場やビンロウ[7]工場で働き、月給は1,800元からとされる。村のなかで農業に従事する人はおよそ80人であり、正確な数字は村の幹部も把握できていない。

A氏の家族は6ムー（0.40ヘクタール）の水田を請負い、2015年から100ムー（6.67ヘクタール）の水田を借りて、徐々に規模を拡大し始めた。2016年に約500ムー（33.33ヘクタール）、2017年に980ムー（65.33ヘクタール）、

---

7）ビンロウはヤシ科の植物である。その種子は噛みタバコに似たものに加工され、嗜好品として販売される。

2018年に1,200ムー（80.00ヘクタール）まで拡大した。借りた水田は近隣の４つの村に及び、湾村では500ムー（33.33ヘクタール）の水田を経営しており、最大である。村の経営規模第２位の農家は200ムー（13.33ヘクタール）を経営し、上位２戸だけで湾村の水田総面積の42.2％を集積している。30ムー（2.00ヘクタール）以上の「大規模農家」は計６戸で、総面積の71％を経営している。それ以外の小規模農家の経営規模は１戸あたり0.8ムー（0.053ヘクタール）である。

Ａ氏の土地集積は離農したい農家、または近隣農家を訪問して随時契約を結ぶ方法をとっており、毎年１ムーあたり200元を支払っている。専業農家同士が連携して大規模生産を行い、収穫はそれぞれの経営面積に合わせて利益を分配している。労働力の調達は村内で行っている。稲作以外にもＡ氏は合作社５社を経営し、以下のような生産能力を有する。800ムー（53.33ヘクタール）対応の集中育苗ハウス、500ムー（33.33ヘクタール）対応の田植え機、2,500ムー（166.67ヘクタール）対応の耕耘機、3,000ムー（200.00ヘクタール）対応の複式収穫機、1,000ムー（66.67ヘクタール）対応の乾燥機である。生産能力は自家用のほか、余剰分を小規模農家に有償で提供している。そして、自社の生産能力の不足分は他社から購入している。

表７-１はＡ氏に対するインタビューに基づいて推計した、農業収入と支出の金額である。400ムー（26.67ヘクタール）の中稲[8]と580ムー（38.67ヘクタール）の早稲と晩稲の二期作を併せて、延べ三期1,560ムー（104.00ヘクタール）の生産となる。2017年の販売総額はおよそ204.4万元である。支出に関しては、Ａ氏の記録に基づく概算で、水田の賃料や機械の減価償却、燃油、労働力への支出は総額であり、それ以外の項目は平均単価である。支出の合計は121.9万元である。利潤総額は約82.4万元で、１ムーあたり年間528元の収益となる。補助金を併せると2017年の所得総額は120.5万元ほどで、これには合作社の収益は含まれていない。

---

8）Ｓ県は米の年間生産量を維持するため、二期作を推進している。特に大規模農家に対して、農業経営補助と大規模農業経営補助の支給対象とするには、耕作面積の50％以上において二期作を行うという条件を課している。

表７－１　調査対象（専業農家Ａ氏）の生産、支出、所得推計

| 収入 | 生産面積（ムー） | 生産量（kg/1ムー） | 単価（元/1kg） | 合計（万元） | 総計（万元） |
|---|---|---|---|---|---|
| 中稲 | 400.0 | 600.0 | 2.6 | 61.4 | |
| 早稲 | 580.0 | 450.0 | 2.5 | 65.8 | 204.4 |
| 晩稲 | 580.0 | 500.0 | 2.7 | 77.1 | |
| 支出 | 生産面積（ムー） | | 単価（元） | 合計（万元） | 総計（万元） |
| 農地 | 980.0 | | 200.0 | 19.6 | |
| 機械 | | | | 36.0 | |
| 燃油 | | | | 6.0 | |
| 労働力 | | | | 8.0 | |
| 種（中稲） | 400.0 | | 80.0 | 3.2 | |
| 種（早稲） | 580.0 | | 80.0 | 4.6 | 121.9 |
| 種（晩稲） | 580.0 | | 80.0 | 4.6 | |
| 田植え | 160.0 | | 150.0 | 2.4 | |
| 肥料 | 1,560.0 | | 100.0 | 15.6 | |
| 農薬 | 1,560.0 | | 100.0 | 15.6 | |
| 灌漑 | 1,560.0 | | 40.0 | 6.2 | |
| 補助金 | 生産面積（ムー） | | 単価（元） | 合計（万元） | 総計（万元） |
| 中稲 | 400.0 | | 400.0 | 16.0 | 38.0 |
| 二期作 | 580.0 | | 380.0 | 22.0 | |
| 総所得 | | | | | 120.5 |

（出所）フィールド調査に基づき、著者作成

事例２：農業企業、Ｂ氏、男性（1983年生まれ）、緑村在住

Ｂ氏は中学校卒業後建築現場で働き始め、その後、建築工事の請負経営をした。2014年に農業経営の会社を設立し、147ムー（9.80ヘクタール）の水田の経営を始めた。2015年に700ムー（46.67ヘクタール）、2016年に960ムー（64.00ヘクタール）、2017年に2,700ムー（180.00ヘクタール）と拡大し、2018年の経営総面積は3,400ムー（226.67ヘクタール）の規模を持ち、経営耕地は14の村に及んでいる。同年、緑村の900ムー（60.00ヘクタール）の水田のうち500ムー（33.33ヘクタール）の経営権を獲得し、村内では唯一の大規模経営者となった。他の小規模農家は１戸あたり水田0.5ムー（0.03ヘクタール）である。Ｂ氏は26人を長期にわたって雇用するほかに、繁忙期には日給を支

表7－2　調査対象（農業企業B氏）の生産、支出、所得推計

| 収入 | 生産面積（ムー） | 生産量（kg/1ムー） | 単価（元/1kg） | 合計（万元） | 総計（万元） |
|---|---|---|---|---|---|
| 中稲 | 1,000.0 | 550.0 | 2.6 | 140.8 | |
| 早稲 | 1,700.0 | 410.0 | 2.5 | 175.6 | 510.9 |
| 晩稲 | 1,700.0 | 430.0 | 2.7 | 194.4 | |
| 支出 | 生産面積（畝） | 単価（元） | 1ムーあたり投入量 | 合計（万元） | 総計（万元） |
| 農地 | 2,700.0 | | 375.0 | 101.3 | |
| 機械 | | | | 33.8 | |
| 燃油 | | | | 16.9 | |
| 労働力 | | | | 46.0 | |
| 種（中稲） | 1,000.0 | 40.0 | 3.5 | 14.0 | |
| 種（早稲） | 1,700.0 | 16.0 | 5.5 | 15.0 | |
| 種（晩稲） | 1,700.0 | 25.0 | 3.5 | 14.9 | |
| 育苗 | 4,400.0 | | | 35.2 | |
| 除草（中稲） | 1,000.0 | 15.0 | | 1.5 | |
| 除草（早稲） | 1,700.0 | 15.0 | | 2.6 | 379.2 |
| 除草（晩稲） | 1,700.0 | 25.0 | | 4.3 | |
| 肥料（中稲） | 1,000.0 | 1.1 | 80.0 | 8.8 | |
| 肥料（早稲） | 1,700.0 | 1.1 | 60.0 | 11.2 | |
| 肥料（晩稲） | 1,700.0 | 1.1 | 60.0 | 11.2 | |
| 肥料（その他） | | | | 13.9 | |
| 農薬（中稲） | 1,000.0 | 90.0 | | 9.0 | |
| 農薬（早稲） | 1,700.0 | 60.0 | | 10.2 | |
| 農薬（晩稲） | 1,700.0 | 70.0 | | 11.9 | |
| 灌漑 | 4,400.0 | | | 17.6 | |
| 補助金 | 生産面積（ムー） | | 単価（元） | 合計（万元） | 総計（万元） |
| 中稲 | 1,000.0 | | 300.0 | 30.0 | 81.0 |
| 二期作 | 1,700.0 | | 300.0 | 51.0 | |
| 総所得 | | | | | 212.7 |

（出所）フィールド調査に基づき、著者作成

払って、臨時労働を雇用している。その賃金は60元から300元の範囲内で、技術に応じて異なる。

表7－2はB氏に対するインタビューに基づいて推計した、農業収入と支出の金額である。2017年に経営した2,700ムー（180.00ヘクタール）の水田のうち、1,000ムー（66.67ヘクタール）は中稲、1,700ムー（113.33ヘクタール）

は稲作の二期作を、併せて延べ三期4400ムー（293.33ヘクタール）の生産となる。農業生産による収入は510.9万元、支出は379.2万元、利益は131.7万元であり、１ムーあたりの利益は300元ほどで、補助金を併せた2017年の総所得は212.7万元であった。

両氏の経営を比較すると、農業企業のＢ氏は専業農家のＡ氏より単位あたりの収益が低いが、その主な理由は耕地の賃料が高いこと、育苗を自社で行っていないことによるものと考えられる。Ｂ氏は離農する農家の水田を１ムーあたり年間350元から400元で借り上げ、Ａ氏より高い賃料を払っているが、土壌の質や立地場所、耕す水田の隣接状況を考慮して土地を選んでいるようである。Ａ氏の随時契約に対して、Ｂ氏は５年から10年間の契約を結んでおり、田植え前の突然の合意の破棄や賃料の増額を求められるといったトラブルなどは少ない。Ａ氏のほうが単位面積あたりの生産性が高いが、Ｂ氏は強い資金力を武器に一部の生産過程を外部委託することで生産効率を上げ、生産面積あたりのコストダウンを実現している。この結果は、本章が危惧する適正規模を超えた大規模生産による単位面積あたりの生産量の低下に当てはまる。つまり、Ｂ氏は単位面積あたりの生産量の低下による所得の低下分を大規模化によって補填しており、農業経営はより粗放的になっているにもかかわらず、経営規模のさらなる拡大を図ろうとしている。このような大規模生産者の育成は、単位面積あたりの生産量の低下による総生産量の低下を招くと考えられる。

### 4　土地集積による小規模農家への影響

Ａ氏が耕作する水田の面積は通常の村全体の耕地面積に匹敵するほどであり、Ｂ氏の経営面積はその数倍にも及んでいる。2018年Ｂ氏による土地集積の面積は、彼が住むＺ鎮の35,055ムー（2337.00ヘクタール）の水田総面積の１割を占めている。近隣の村や他の農家を対象としたフィールド調査では、2017年の中稲を栽培する農家の１ムーあたりの利益はおよそ630元から670元の間であり、二期作の場合でも収益はほとんど増えず、増えても20〜30元程度である。収入が労力に見合わないことから、農民は二期作に対する経営意欲は低い。しかし、一定の規模以上の二期作を行わなければ補助金が得られないため、ほとんどの農家はやむをえず栽培している。

さらに、湾村の1戸あたりの水田面積は0.8ムー（0.05ヘクタール）であるため、稲作だけ経営する場合、年間所得は600元に満たない。請負補助金と稲作の補助金を併せても収入は1,000元程度であるため、兼業することによって生計を維持している。この農業条件の下で、ほとんどの10代・20代の労働者は農業に従事せず、都市に移動して職を求めている。生産性の低い兼業世帯や小規模専業農家の離農が進み、大規模化に向かない農地は放置されるケースが増えている。2017年の湾村における生活保護対象者は30世帯95人であり、支給対象者は雇用先がみつかりにくく、小規模農業を営む50代以上の農業専業世帯と障がい者を抱える兼業世帯である。

専業農家と農業企業による大規模生産は、こうした小規模農家に様々な影響を与えている。まず、大規模生産を行う企業と農家は補助金収入が高く、小規模農家に比べ、それほど単位面積あたりの生産高を考慮しない。生産規模を拡大することで高い収入と支援が得られるため、資金力を武器により高い賃料を払って、立地条件の良い水田または整地しやすい水田を獲得することに力を入れている。それによって中小規模農家の規模拡大がより困難になっている。大規模な経営組織は高い生産能力を有しており、自社生産に使わない余剰生産能力を中小規模農家に提供し、その生産コストを下げるメリットがある一方、自社生産能力の足りない部分を市場に求める際、圧倒的な資金力で小規模農家よりも先に生産資源を獲得する。さらに、大規模生産能力を有する企業は発言権も大きく、時折その能力は県の行政機関にまで及び、企業活動に有利な制度の設定、または便宜を図るように働くこともある。大規模経営者だけが獲得できる補助金制度の設定は、大規模経営者と小規模経営者の間の生産能力の格差を拡大させる一方となる。

食料の買い付け価格が低下するなか、単位面積あたりの収益が低下し、大規模化においては小規模農家だけではなく、中規模農家[9]まで排除される

9）本書における中規模農家とは、規模拡大した専業農家であり、大規模農業生産との違いは主に雇入れを伴うか否かである。

ことが懸念されている。離農が進むなか、農村の労働力不足が顕著になりつつあり、近年では専業農家も労働力不足、特に若年労働力と作物や農業機械に関する知識を有する者の不足に悩まされている。結果として大規模経営では労働節約的な経営方式が導入され、行政による後押しもあって、大型機械が増えつつある。そのため、一部では水田の粘土層が破壊され、水深が深くなっている。これがさらに深刻化すると、耕耘機や田植え機が水田に沈み、稲作が行えなくなる。また、大型機械が旋回できるように山林の伐採や地形を変える工事等が行われ、契約期間満了後、大規模経営者が修復せずに撤退することが予想され、返還された水田における農業生産への悪影響が危惧される。

## 第４節　適正規模に基づく「中規模」経営の検討

2018年Ｓ県の都市部住民１人あたりの可処分所得は21,206元であり、これは農村住民の１人あたりの所得12,073元の約1.8倍となる。水田経営で１ムーあたりの利益を550元[10)]とする場合、都市住民と同じ所得水準にするには１人あたりおよそ39ムー（2.60ヘクタール）の水田が必要となる。補助金を考慮する場合は、請負者が受け取る105元と二期作経営に支給される300元を併せて、１ムーあたりの所得は955元となるが、それでも22ムー（1.47ヘクタール）の水田がなければ、都市住民と同じレベルにならない。湾村の事例で考えると、農業に依存する95人の所得水準を都市住民と同じレベルに引き上げるには2,090ムー（139.33ヘクタール）の水田が必要であるが、これは村の水田総面積の1,660ムー（110.67ヘクタール）を大幅に上回るものである。補助金が支給されても1,660ムーでは75人分の水田しかないため、20人分の収入源を農業以外の産業に求める必要がある。補助金を考慮しない場合は52

10）本書における調査では2017年における零細農家の１ムーあたりの収益は630元から700元未満であったが、2018年には化学肥料の価格高騰と穀物価格の低下により、１ムーあたりの収益が2017年に比べ100元ほど減少したことを踏まえて、１ムーあたりの収益を550元と仮定した。

人分になる。産業の立地と交通の利便性を考えれば、農村に住みながらの兼業は容易ではない。多くの小規模農家は農業以外の経験や技能を有しないため、出稼ぎをせず、土地を専業農家に貸し、自分は農業労働者になる道を選んだ。その一方、本章の事例に選んだ専業農家であるＡ氏の所得は上記の農村住民１人あたりの所得の約100倍、農業企業を経営するＢ氏の場合はその約177倍になり、極めて激しい階層分化が生じている。

Ｓ県では、大規模化を促す諸策が貧困対策の一環として、農業から非農業へ、また農村から都市への労働力の移動を促している。この動きは一定の成果を上げており、2017年に湾村から８世帯21人が離農し、鎮に移住した。現在、移住規模の拡大がさらに模索されている。その一方、移住を伴う離農は農村地域の過疎化と労働力不足を引き起こしている。また、Ｓ県農業局の「2018年Ｓ県春耕備耕調査状況」（春季の耕作準備に関する調査状況報告）では、専業農家と農業企業が直面する問題点として、化学肥料の価格高騰と食料価格の低下の次に労働力不足が挙げられている。今後、土地集積が進めば離農世帯が増え、移住と労働力不足への圧力がさらに増す。つまり、大規模化を進めるにあたっては土地面積、農業生産性、人口規模、機械化の限界など多方面にわたる関連要因を総合的に検討しなければならない。効率性だけ重視する政策の実施は生産高を抑制する危険性もある。そのため、農業経営の過度な大規模化に対する見直しが求められる。

市場原理の浸透だけでなく、補助金のあり方も過度な土地集積の防止と生産効率の向上の両立をより困難にしている。中国では三権分置と諸権利の確定によって、農民は土地に対する権利を確保でき、それにより安心して土地の経営権を移転させることで、農業経営の大規模化を促している。しかし、不利な条件を持つ地域では土地に対する権利の確定だけでは農業生産の維持と効率化、そして農民の貧困問題を解決するには不十分である。その理由は土地の資産価値が低いことと大規模化が実現しにくいことにある。

## 小括

本章の調査結果でみられたように、自分で小規模経営を行う場合、１ムーあたりの補助金込みの収益は1,000元未満、他人に貸す場合は請負権による補助金は１ムーあたり105元、賃料は高くても１ムーあたり400元である。この金額は農民の生活を保障するだけの資産収入にならない。経営の大規模化が実現できなければ、農業は放棄されるかもしれない。この状況を踏まえたうえで、補助金の支給方法について言及したい。

湖南省Ｓ県で実施された農業生産補助金制度は、農業経営の大規模化を促し、初期段階における専業農家や農業企業の育成に大きな役割を果たした。しかし、その継続的な実施によって、市場のなかで成長した大規模経営の競争力はさらに拡大し、その結果零細農家だけではなく、中規模農家に対しても影響を及ぼしている。上記で言及した補助金の問題以外にも、次の２点を指摘しておきたい。第１に、耕作面積の拡大に従い、単位面積あたりの労働力の投下が逓減し、過度な大規模化に伴う単位面積あたりの生産量の低下や農業の粗放化が危惧される。第２に、条件的に大規模経営に適する土地もあれば、そうでない土地もある。地形が複雑で大型機械が適用されにくく整地が難しい地域では、単一品目による大規模生産が図りにくい。大規模化の流れのなかで大規模化に向かない農地の多くは放棄されている。

今後、食料安全保障の問題を緩和させるため、単位面積あたりの生産量の維持と生産面積の維持は極めて重要な課題となる。大規模経営への補助金の支給より、市場で対応できない土地での農業生産の維持のために、補助金の用途の転換が求められる。この転換は食料生産を維持するだけではなく、農民の所得格差の拡大を防止する点においても重要な役割を果たすと考えられる。

# 第8章

# 地域営農の条件と限界[1)]

## —湖南省X県の事例—

## はじめに

改革開放政策実施以降、中国の多くの農村地域における貧困問題の基本的な背景として、零細かつ分散した土地利用による低生産性が指摘され、大規模農業経営育成の重要性が強調されてきた。農業の安定的生産と経営の効率化を図るには農地の集積による規模の経済の創出が有効であり、それを進める方法は２つある。１つは独立した個別経営による大規模な農地利用、もう１つは村や集落規模の集団的土地利用、すなわち組織化した地域営農である。

近年、中国では専業農家や農民専業合作社等の大規模生産者の育成によって独立した個別経営による農地の集積が急速に進んでいる。しかし、かつて零細分散錯圃制をとってきた山間や丘陵、特に山間地域に立地する農家は大規模化が容易ではなく、結果的に離農による農地の放棄が多発している。大規模化を図れない地域において、農業生産性を向上させるには集団的土地利用が有効と思われるが、それを実現するためには、協働的な社会システムの構築が要求される。しかし小規模な家族経営を主としてきた中国の農村では、日本のような共同体関係が存在せず、生産活動が分断されており、自然生態・生活文化・経済という３つの側面、すなわち土地や水などの天然資源と人的資源、その資源を利用・管理するためのルール、農法や持続的な経済活動等によって構成される地域内の社会システム（池上、2009）が十分に機能

1）本章は「農村社会の行動原理とリーダーの役割：中国湖南省橋村の事例」（『アジア研究』第69巻第４号、2023）の一部を加筆修正したものである。

していない。

一部の農村地域では、農民が自発的に能力の高い人を擁立し、彼らに強い権限を与えて、リーダーシップを発揮させ、地域経済を飛躍的に発展させた事例もある（例えば、賀（2011）等の研究を参照）。しかし、これらの「経済的成功」に伴い、農民の信頼を得たリーダーが大きな権威を手にし、公的資金の私的流用や農民の利益への侵害等のガバナンスの問題を引き起こしていることがしばしば指摘されている（例えば、滝田（2009）等の研究を参照）。本章では湖南省X県橋村を事例に、公共財の構築や農業経営の組織化の定着、経済成長の達成におけるリーダーの役割に着目する。農民とリーダーのそれぞれの期待する利益と負担するコストという角度から、農民から求められる役割に対して、リーダーは如何にそれを果たしているのかを明らかにしたい。また、リーダーによる独裁的で恣意的な意思決定、公的資金や資産の私的流用、村民の人権に対する侵害等の事実に基づいて、ガバナンスの問題が如何にして生じるのかについて考察する。

## 第1節　農業経営の組織化とリーダーの役割

農業経営の組織化の形成と維持に関する研究の共通点は、コストという概念に集中している。オリバー・ウィリアムソン（1989：241-242）は、市場と組織は代替関係を持つ取引様式であり、それぞれのコストを比較して取引が選択されると説明したうえで、組織の長期性とメリット、また市場原理に対する補完機能を指摘した。つまり、経営者は個別化と組織化に必要なコストと予想される収益を比較し、利益の高いほうを選択すると考えられている。

第3章で述べたように、組織化を実現するには交渉コストの低い社会環境が望ましい。日本の村落社会では、近隣同士の間で厳密な貸し借りの計算を伴う労働交換の仕組みが制度化され、協働のなかで周囲との共存関係を維持する集団的自己管理が行われている。そのため、合意の形成と維持に必要な交渉コストも低く、組織化が展開しやすい。日本の村落共同体と異なり個人や小集団の利益を重視する中国の農村社会では、地域内における合意形成や社会関係を構築・維持するのに交渉を繰り返す必要がある。すなわち、高い交渉コストが農民の協働関係に基づく生産組織の構築・維持を妨げることのないよう、それを抑えることが必要不可欠となる。

現代の中国農村では、幹部の選任は必ずしもトップダウン型ではなく、農民の意志も反映されている。特に、1987年以降、国家の行政権と村の自治権の分離が進められ、民主的選挙に基づく「村治」の下で、村民委員会には強い権限が与えられている（于、2001：309-437）。また、村の規模等によって村民代表会議制度を法的に義務付けられる場合もあり、村民自治もある程度実現されている（南、1999）。そうすると、本章の冒頭で言及した「独裁的で、腐敗するリーダーによる支配」は農民の選択した結果ともいえる。現代の農民は投票権を有しているにもかかわらず、なぜ腐敗する「独裁者」を繰り返して選んでしまうのかという疑問に対して、本書は中国農村の経済的構造と社会的特徴との関係に答えを求める。すなわち、小規模農家が多数派を占める中国の農村では、たとえ腐敗しているとしても、農民を束ね、協働を実現させるためのリーダーが欠かせないという結論を想定している。リーダーが独裁的になるのは、中国の農村における生産及びそれをめぐる社会的諸関係に基づく結果であると考えられる。

上述のように、多くの研究は中国の農民が時代にかかわらず、権威となるリーダーを求める現象を確認し、リーダーが人脈を構築して地域発展するための財源を外部から獲得する、いわゆる対外的な役割について述べているが、集団の内部におけるリーダーの役割について十分には説明してない。言い換えれば、農業生産等におけるリーダーの権威の必要性についての考慮が不十分である。それゆえ、近代までの郷紳や人民公社時代の中国共産党幹部、それに現代の起業家との間に共通する役割も明確にされていない。少なくとも農民を束ねた事実について、上記の研究はリーダーが農民に経済的利益またはそれに対する期待を与えたとしか説明しておらず、リーダーが協働に伴う農民同士の対立と消耗を如何にして軽減・解消したのかについての考慮が不足している。

農民の非協働とリーダーの役割について、呉思は以下のように説明した。農民が協働に参加しないのは、小規模な耕地を経営する彼らが協働に伴うトラブルの負担と協働による利得とを比較した結果である。かつては、郷紳が農民を束ねて、用水路や道路の整備、整地や土地改良などの協働関係を構築していたが、それは大規模な耕地を所有する郷紳の利益に一致した合理的な判断である。また、人民公社の時代に、村の幹部は政治的権威としての地位を占めたものの、農民を束ねたところで自身の経済的利益の増加が見込めないため、協働を促すインセンティブが低かった（呉、2001）。呉の説明は新制度派的な取引コストの概念を用いていないが、コストと利益に対する各主体の判断を明確にしており、リーダーの組織力の源を「能力」と抽象的に考えてきたこれまでの諸研究と一線を画しており、本書の立場により近い。

改革開放政策実施以降、請負制に基づく小規模個別経営は低い農業生産性に甘んじなければならなかった。離農できず、個別経営による大規模化も図れない農民にとって、協働による組織経営は生産コストを下げる唯一の方法である。しかし、組織経営となれば、協働をめぐり複雑な人間関係、すなわち、他人によるフリーライド等の協働を妨害する行為とそれを防止するための監視や交渉に伴うコストが生じる。農民は組織化によるメリットに加えて、協働システムの構築と維持に必要な交渉コストも計算しており、それに費やす資金と労力を予想される所得と比較して組織経営に参加するか否かを判断する。

組織化経営を展開する場合、まず農民の合意形成にかかる交渉コストを回避することが必要であり、そのための最も簡単かつ有効な方法は強力なリーダーによる垂直的な意思決定である。組織経営のシステムに参加すれば、農民はリーダーの権威に従わざるを得なくなる。それを理解したうえで農民は自ら自由を手放し、リーダーに従うことを選択する。選択の最大の目的はリーダーが他のメンバーを管理し、協働を妨害する行為を防ぐことにある。すなわち、組織経営の過程で生じる各自の交渉コストを外部化してリーダーの管理コストに変えるということである。こうした農民の選択は合理性を持つ。そして、リーダーを務める人物には、ビジネスの才能以外に、自らの管理コストと農民の交渉コストを正確に把握して、自らの行動に反映させる能力が求められる。ただし、それだけでは、なぜリーダーが腐敗するのかについては説明が与えられていない。

多くの場合、村の管理・運営をビジネスとみなすリーダーは、自らが支払う管理コストと引き換えに政治的及び経済的利益を求める。特に垂直的な管理体制のなかでは、権力の集中が経済的利益の収奪をもたらす。いわば、中国の農民が求めるリーダーの「公的役割」の裏には、リーダーたちによる利益の私的流用がある。それについては農民も受け入れており、彼らは、許容範囲内の収奪を交渉コスト外部化の代償、言い換えれば、リーダーが支払った管理コストに対する報酬とみなしている。無論、選んだリーダーが十分な経営能力を有していなければ、農民は期待している利益を得られない。また、リーダーの過度な収奪が農民の権利を侵害することもあるため、農民の選択にはリスクが伴う。次節から、湖南省X県橋村の事例を用いて、リーダーが組織化の過程において、独裁的になる経路を明らかにする。

## 第2節　橋村における地域営農の展開

### 1　調査地の概要

2,400ムー（1.60平方キロメートル）の森林を除いて、橋村は総面積3,750ムー（2.50平方キロメートル）、耕地面積560ムー（37.33ヘクタール）、3つの集落に412人の人口を有していた（2016年）。2017年、同村は隣の光村の6つの集落を吸収合併した。その結果、約4,500ムー（3平方キロメートル）の森林を除いて、村の規模は総面積7,500ムー（5平方キロメートル）、耕地面積980ムー（65.33ヘクタール）、人口868人になった。2つの旧村は立地条件・人口条件・村と農業経営の規模も近いが、耕地の単位面積あたりの収益は5倍以上の差があった。伝統的な農業生産と組織化経営の展開の違いが、この結果をもたらしたといえる。本章では合併したこれら2つの村を比較することで、所得の向上を求める農民の選択と農村リーダーの役割の実態を浮き彫りにしたい。橋村に対する調査は2017年から2020年にかけて行い、調査は村の幹部と村民へのインタビューを中心に、村民委員会の記録や鎮政府への報告書、助成事業の申請資料、村民との契約書等を参考にした。

婁底市X県と益陽市A県（いずれも県級、第3級行政単位）の境にある橋村は、市・県・郷鎮などの政府機関から離れた山間部に立地しており、長い間湖南省の「省級特別貧困村」に指定されていた。村民における協働関係の欠如により、道路や水田等の整備、水源の確保、ごみ処理、山林の管理等の共同作業が一切行われておらず、生産に必要なインフラが整っていないため、村の主要産業である稲作の生産性は極めて低かった。現金収入を求めて、労働者のほとんどが農民工となって都市部や沿海地域に流出し、村内に残る者の生活は農業と生活保護に頼っていた。貧困対策のために、2000年当時の村民委員会が数回にわたって果樹園の経営や家畜の飼育等の地方政府の助成事業を試みたが、村民の協力が得られず、事業の失敗により銀行に対して4.5万元の負債を抱えることになった。以後、村民委員会は対内的に行政機能がほぼ停止し、対外的にも助成事業の申請が不可能になった。

2008年、旧村民委員会のメンバーと村の年長者が村民の委託を受け、省外で起業に成功した同村出身の34歳のＹ氏を訪ね、村の人事や財政、資源管理等に関する裁量権を完全に委譲することを条件に村長（自治組織である村民委員会の長）と中国共産党支部書記（中国共産党支部の長）の兼任を要請し、Ｙ氏がリーダーとしての役割を果たすこととなった。

## 2　リーダーによる取り組み

村民委員会が負債を抱えていたため、赴任したＹ氏は鎮政府に助成事業を申請することも銀行から融資を受けることもできず、新たな開発事業を展開するのに、村民からの出資に頼るしかなかった。当時、多くの村民はＹ氏の才能と財力に期待しており、自らリスクを負うつもりはなく、投入資金を回収できる保証のない事業への出資を拒んだ。結局、Ｙ氏は数名の支持者から６万元を捻出し、渓流沿いの乗船場付近の空き地を駐車場に整備し、船会社に10年間の使用権を20万元で譲渡した。この20万元から村民の出資金と銀行への負債を返済し、残りの10万元弱を村民委員会の運営資金に充てた。こうしたビジネス的才能と村に奉仕する姿勢が評価され、Ｙ氏に対する村民の支持が高まった。この成功を契機に、Ｙ氏は村の17人の中国共産党員を組織して、党員１人が10戸を管理・動員・補助する管理体制を構築した。

リーダーの地位を固めつつ、Ｙ氏は2009年に川の水を山頂に引き上げたのち重力で引水するプロジェクトを県に対して申請し、132万元の資金を獲得した。支出のうち必要最低限の設計と機材の確保だけを外部に委託して、砂利・石材・木材等の資材は村で調達し、労働力は村民による無償労働で賄った。その結果、このプロジェクトで60万元を捻出した。2011年には水道管にメーターを取り付け、水を管理するために橋村の村民による「用水協会」を発足させた。各世帯から基本料金として毎月10元を徴収し、それにより各世帯に１か月あたり５トンの生活用水を供給した。それ以外の用水について、生活用水は１トンあたり２元、農業用水は１トンあたり1.2元を徴収した。新規利用者に対しては、村民と非村民を区別し、それぞれ500元と1,000元のメーター設置料を徴収した。徴収した資金は用水協会の人件費と維持費を除いた後、収益の40％を協会の内部留保に充て、60％を会員に均等に分配した。灌漑用水の確保により、橋村の稲作が安定的に行われるようになっただけでなく、160ムー（10.67ヘクタール）の水田が新たに開墾された。水道プロジェクトで捻出した60万元は畦の補強と道路の補修に投じられ、水道工事と同様、一部の資材と労働力の調達は無償で行われた。この一連のインフラ整備の実施は、その後に行われる組織化経営の下準備となった。

用水路の工事が完成した2010年、Ｙ氏の指示の下、村民は川で魚卵を採取し、孵化後１年間飼育してから水田で養殖することにした。2012年以降、魚の養殖が軌道に乗り、村民委員会は毎年２千元程度の費用をかけ、全世帯に無料で稚魚を提供することにした。また、2015年、村民委員会は市場からペット用のスッポンの幼体を１匹１元で購入し、１年間の集中飼育後に希望者との間で水田養殖の契約を結んだ。また、村民委員会は村の山林を統一的に管理して、2,200ムーの果樹園を作り、そのうちの580ムーを貧困世帯に委託した。また、山林の中で牛・豚・鶏の飼育も行った。果樹栽培や魚・スッポン・鶏・牛の養殖が安定的に行われるようになると、事業内容に合わせて、「農民専業合作社法」に基づく合作社が次々と設立され、生産と販売が組織的に行われるようになった。これらの合作社の経営代表は、Ｙ氏の家族と親族が務めている。

2013年、組織化に成功した橋村は農業と山林、渓流を売りに観光客の誘致に乗り出した。そして、宿泊・飲食・娯楽施設を次々と建設し、地域総合型グリーンツーリズムを展開し始めた。また、農業生産は従来の低付加価値、少品目の大量生産から高付加価値、多品目の少量生産に転換した。村の農畜

表8-1　地域総合型グリーンツーリズム展開後の生産額と所得の推移

（単位：万元）

| 年 | 2015 | 2016 | 2017 |
|---|---|---|---|
| 生産総額 | 130.8 | 228.9 | 868.0 |
| 村民委員会の収入 | 6.0 | 20.0 | 70.0 |
| 村民1人あたりの所得 | 0.85 | 1.07 | 1.20 |

（出所）フィールド調査に基づき、著者作成

水産物を村民委員会が一括購入する場合、買い付け価格は通常の市場価格より5～10%高く設定され、販売利益の一部を農民に還元している。

## 第3節　リーダーによる経済発展の効果

Y氏による指導の下、稲作に依存していた橋村の経済は構造転換に成功し、2008年に35万元未満だった生産総額は2015年に130.8万元に達し、さらに2016年に228.9万元、2017年には868.0万元へと急成長した（表8-1）。2007年の村民1人あたりの所得は780元で、X県の農民1人あたりの所得（推計1,564元[2)]）の半分程度であったが、2013年には5,800元に増加し、県平均の5,200元を超えた。さらに2017年には1.2万元と、X県の農民1人あたりの所得7,920元の1.5倍になった。4.5万元の負債を抱えていた村民委員会の収入も2007年の2,000元から、2017年の70万元へと大幅に増加した。

用水協会の収支一覧（表8-2）によれば、協会発足1年目の2011年には16.2万元の収入のうち、経営管理費や人件費、その他の支出の合計は9.6万元であるのに対し、当年の経常利益、すなわち営業利益と利子収入の合計は6.6万元であった。経常利益の40%にあたる2.6万元が減価償却積立金に充てられ、残る60%は建設に関わった100世帯の会員に、1世帯あたり397元、合計3.97万元が還元された。2012年には、収益の拡大により会員1世帯あたり

2）ここでは、2009～2018年の「国民経済和社会発展統計公報」（X県統計局）に公表された各年の農村住民1人あたりの所得に基づき各年の成長率を計算し、さらにその平均（18.2%）に基づき、2007年の農村住民1人あたりの所得を推計した。

表８-２　用水協会の収支一覧

（単位：元）

| 年 | 2011 | 2012 |
| --- | --- | --- |
| 営業収入 | 160,812 | 184,844 |
| 金利収入 | 1,246 | 1,079 |
| 経営管理支出 | 71,986 | 81,627 |
| 人件費 | 14,477 | 15,269 |
| その他の支出 | 9,427 | 10,284 |
| 経常利益 | 66,168 | 78,742 |
| 固定資産の減価償却積立 | 26,468 | 31,498 |
| 配当金 | 39,700 | 47,244 |

（出所）フィールド調査に基づき、著者作成

467元に還元金額を引き上げた。その総額は4.72万元であった。ここでは会員数の変化、つまり、2012年に会員数が１世帯増えたことに注目したい。新規メンバーとなった者は、単なる水の利用者、いわゆる顧客ではなく、経営理念に賛同し、協会の共同所有者として認められたことを意味する。この仕組みは、後述のリーダーの支持者に対する傾斜的な利益配分につながる。いずれにせよ、水の安定的な供給は村のすべての農家の生産コストを下げ、村の基盤産業を支えるうえで極めて重要な役割を果たした。

水田１ムーあたりの収益の推移を橋村と光村で比較すると、図８-１の通りになる。2009年まで両村の水田１ムーあたりの収益はほぼ同額であったが、2010年は干ばつのため、光村の水田１ムーあたりの収益は400元に落ち込んだ。それに対して、橋村では用水路の開通によって収益が900元に上昇した。2011年、光村では通常の稲作が行われたが、橋村は水田養魚を開始し、収益が1,500元になった。2012年以降、橋村は水田養魚の規模拡大に従い、１ムーあたりの収益が安定的に上昇した。また、グリーンツーリズムの開始に伴い、2014年から観光客への農畜水産物の直販や村内観光施設への販売が拡大し、水田の収益がさらに拡大した。そして、翌2015年のスッポン養殖の展開によって、水田１ムーあたりの収益が急速に上昇した。他方、光村では2013年に再び干ばつ被害を受けたため農業生産が落ち込んだが、2014年から橋村との合併に向けて水田の改造と養殖を始めたことで、単位面積あたりの

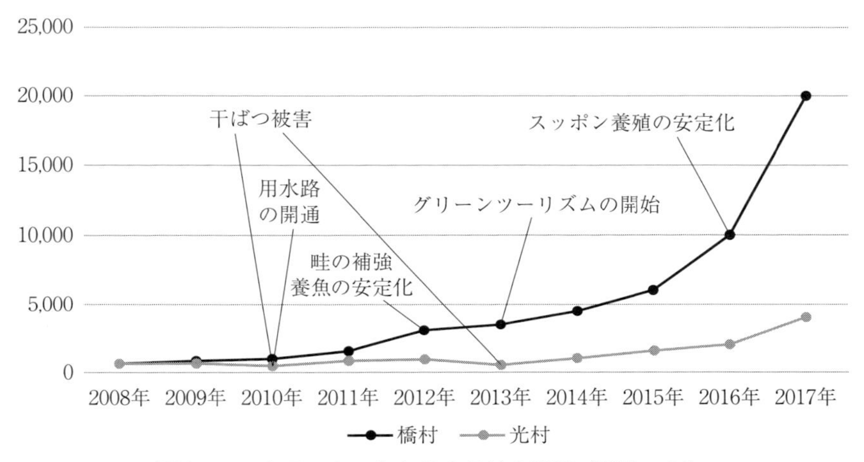


**図８－１　水田１ムーあたりの収益の推移（単位：元）**

（出所）フィールド調査に基づき、筆者作成

収益が上昇した。2017年には農業経営の組織化とグリーンツーリズムに成功した橋村では水田１ムーあたりの平均収益が２万元を超え、光村の５倍以上になり、両村の差が大きく開いた。

橋村は2013年から村内の人員・水田・山林・農畜水産物を動員し、農業を中心とする地域総合型グリーンツーリズムを展開し始めた。Ｙ氏の妻が代表を務める「橋村旅行文化産業開発有限公司（会社）」が設立され、1,282万元の投資総額のうち、橋村村民委員会による出資は500万元、湖南省のプロジェクトによる出資が100万元、銀行による融資が682万元となっている。この事業は、表８－３に示すように、総面積3,000ムー（200.00ヘクタール）、つまり、一部の山の斜面・水面・住宅地・山林を除く村の全域を含んでいる。村のすべての水田と果樹園が含まれ、2015年と2016年の経営規模と収容能力をみると、民宿は25軒と33軒、飲食店の１日の利用者は550人と720人、１日あたりの宿泊者数は180人と278人、アトラクション営業は７件と11件になっている。経済効果として、2015年と2016年の営業収入はそれぞれ1,103万元と1,225万元となっており、そのうち、農畜水産物販売額は221万元と265万元、飲食店の販売収入は450万元と480万元、宿泊費収入は312万元と350万元、

表8－3　地域総合型グリーンツーリズムの展開状況

| 規模 | 総面積<br>ムー | 観光客数<br>万人 | 青果物生産<br>トン | 水産肉食生産<br>千（尾羽匹） | 飲食店接客能力<br>人／日 | 宿泊施設接客能力<br>人／日 | アトラクション営業<br>件 | 従業員総数<br>人 |
|---|---|---|---|---|---|---|---|---|
| 2015年 | 3,000 | 5.6 | 130 | 魚32.0<br>鶏4.0<br>スッポン6.0 | 550 | 25施設<br>180 | 7 | 290 |
| 2016年 | 3,000 | 6.5 | 156 | 魚45.0<br>鶏4.6<br>スッポン8.0 | 720 | 33施設<br>278 | 11 | 330 |
| 金額 | 固定資産<br>万元 | 営業収入<br>万元 | 営業利益<br>万元 | 農産物販売収入<br>万元 | 飲食店営業収入<br>万元 | 宿泊施設営業収入<br>万元 | アトラクション営業収入<br>万元 | 従業員賃金総額<br>万元 |
| 2015年 | 681 | 1,103 | 138 | 221 | 450 | 312 | 120 | 161 |
| 2016年 | 737 | 1,225 | 167 | 265 | 480 | 350 | 130 | 200 |

（出所）フィールド調査に基づき、著者作成

アトラクションの営業収入は120万元と130万元、養殖等による販売量は、魚3.2万尾と4.5万尾、鶏4,000羽と4,600羽、スッポン6,000匹と8,000匹となっている。以上の諸活動からなるグリーンツーリズムによる収益は2015年に138万元、2016年に167万元となっている。橋村の急速な発展に対して、伝統農業に頼る当時の光村は、橋村を含む外部の経済発展による牽引を待つのみであった。

経済構造の転換に伴い、橋村の労働力の移動状況にも変化が表れた。表8－3によれば、2015年と2016年のグリーンツーリズムの展開による雇用はそれぞれ290人と330人、そのうち周辺地域からの常時雇用は70人と80人になっている。夏季の観光シーズンにおける周辺からの一時雇用の労働者を含めれば、1日あたりの村内に滞在する人口は、観光客を除いて最大1,600人に達している。2017年の橋村と光村の労働力の流出状況には明らかに差がみられ、橋村の流出は合計4割以下であるのに対して、光村では橋村に隣接する集落Dを除くと、それ以外の5集落はいずれも6割前後の流出となっている（表8－4）。橋村の構造転換は農村地域の経済発展だけではなく、雇用機会の創出による労働力の地元定着を実現した[3)]。

表8－4　2017年両村の労働力流出の比較

| | 人口（人） | 流出（人） | 流出比率 |
|---|---|---|---|
| 集落A | 129 | 49 | 38.0% |
| 集落B | 121 | 51 | 42.1% |
| 集落C | 162 | 62 | 38.3% |
| 橋村合計 | 412 | 162 | 39.3% |
| 集落D | 62 | 20 | 32.3% |
| 集落E | 33 | 20 | 60.6% |
| 集落F | 57 | 35 | 61.4% |
| 集落G | 57 | 33 | 57.9% |
| 集落H | 51 | 30 | 58.8% |
| 集落I | 196 | 116 | 59.2% |
| 光村合計 | 456 | 254 | 55.7% |
| 総計 | 868 | 416 | 47.9% |

（注）自由度は１、$x^2$値は23.27、$p<0.001$
（出所）フィールド調査に基づき、著者作成

# 第4節　リーダーによる支配の実態、構造と形成要因

## 1　橋村における農民管理の実態

橋村はＹ氏のリーダーシップの下で組織力を発揮し、急速な経済成長を遂げた。その一方、農民の管理と利益の分配をめぐって、問題もみられる。

Ｙ氏は就任後、彼の支持者で形成された委員会で、自ら発案した『村民約款』を定め、公的な取り決めとして実行し始めた。約款の内容も定期的に見直している。2017年の第７回目の改訂版では24か条が定められ、「違反行為」を対象に罰金を科すことを明記した。特に強調された10項目の禁止事項は、⑴麻雀・トランプ・宝くじを含むすべての「ギャンブル」、⑵爆竹、⑶宴会、⑷山林等の指定地域を除く、村での家畜・家禽の放し飼い、⑸許可の

3）2017年、両村は合併したため、表８－４が示す労働力の流出は合併後の村からの流出である。従って、旧光村から旧橋村への流出は含まれない。2017年以降、グリーンツーリズムの展開は旧光村をも含めた労働力の域外流出に対する阻止効果が徐々に拡大している。

ない建築・埋葬、⑹川での遊泳・密漁、⑺ごみの路上投棄、⑻許可のない採集・発掘、⑼山林の伐採、⑽野外での火の使用である。さらに、上記の約款に基づいて、より細かい規程を作成し、違反行為に関する41か条の減点項目と、模範的な行為や他人の不正を密告する35か条の奨励項目によって村民を点数化して管理した。そして各世帯の点数を「村民檔案（とうあん）」に記録として残すと共に、各家の玄関前にも掲示した。世帯主の氏名、この世帯に対して監督責任を持つ幹部、党員の氏名と電話番号、衛生管理の責任範囲、家計経済の状況等も同時に掲示される。つまり、各世帯は個別ではなく、連帯責任の下で管理されている。望ましくない行為をした世帯は村民大会において名指しで注意・批判され、違反行為のある個人に対して、他者へのみせしめになるよう再犯しない旨を公の場で誓わせると共に、他人の違反行為を告発する者には奨励金が支給される。

上記の禁止事項に対して、村民の意見は分かれており、経済発展や公共衛生への効果的な管理運営に関して称賛する声がある一方、爆竹・宴会・遊泳・宝くじ等に関する自由な消費や行動への侵害、玄関前の掲示のような個人の名誉を傷付ける項目等に対して批判する声が後を絶たない。しかし、Ｙ氏の権威に反対できる者はおらず、「上記の禁止令によって、村では毎年爆竹で80万元、宴会で150万元、ギャンブルで300万元、合計530万元余りの資金を節約した」という統計結果を発表し、禁止令の成果をＹ氏の功績として顕彰している。

さらに、グリーンツーリズムの展開による利益の分配に関してもＹ氏による独裁と収奪がみられる。中国の「農民専業合作社法」は経常利益の分配方法に関して、内部留保や公益金の設定について各合作社の判断に任せることになっているが、出資者への還付金は経常利益総額の60％以上になるよう定めている。これに対して橋村の契約では、村民委員会は法人として経常利益の50％を配分される以外は、戸籍を持つ村民に30％、建設に参加した者に15％、土地の所有者に５％となっており、内部留保と公益金の項目を設けていなかった。村民委員会は「橋村旅行文化産業開発有限公司」と合作社の両方の法人となるため、上記の契約に基づいて、経常利益の50％を取得することになっている。一方、残りの部分に関しては、2013年の14万元、2014年の

75万元、2015年の138万元、2016年の167万元、合計394万元の利益が全く分配されておらず、Y氏の判断の下で村民委員会により公共事業や村の宣伝、あるいは他のビジネスに投資されている。無論、村民委員会の財務収支に関わる意思決定も、すべてY氏の判断により行われている。

2017年に新築された5階建てのビルには「橋村旅行文化産業開発有限公司」の社名だけではなく、果樹・養魚・スッポン養殖・養牛の4つの合作社の看板も掲げられており、建物の1階は売店とレストラン、2階は村民委員会の会議室と事務室、それにホテルの客室、3階と4階はホテルの客室、5階はY氏の自宅となっている。自宅部分について、建物の内装及び家具と日用品の購入は公費で支払い、毎日の清掃もホテルの業務として行われている。この建物は、Y氏のリーダーとしての政治的役割、合作社と会社の経営者としての経済的役割、家族に対する夫と父親としての私的な役割を果たす場所として活用されている。橋村におけるY氏のリーダーとしての立場と役割だけではなく、彼を取り巻く時間・空間・権限・金銭のすべてにおいて公的役割と私的役割の境界線が曖昧になっている。Y氏による公的資源の収奪は村民の不信を招き批判する声が高まったが、それに対して、監督責任を持つ幹部たちが村民委員会と中国共産党支部の権限を用いて徹底的に管理し、反対意見を抑えた。

## 2　リーダーによる独裁的な支配の形成経路

Y氏の地位は就任に伴って自動的に実現したものではなく、経済的成功のなかで徐々に形成されたものである。また、強制と独裁に対する村民の抵抗はあるものの、幹部選挙が行われるたびにY氏は権力を拡大している[4)]。つまり、Y氏は中国共産党の権威を利用して、自らの地位を築いたわけではな

4）3年に一度の橋村の村長選挙は、村に常住する18歳以上の村民による無記名投票で行われる。Y氏が就任する前や就任直後では組織的な動員が行われていたが、2010年代後半以降ではそういった動員はなくなった。Y氏を積極的に支持する者やY氏の権威に従う者が多数派を形成しており、反対する者に対する露骨な非難や嫌がらせ行為はみられていない。出稼ぎや家具加工工場を経営するなどで村外から収入を得ている者は、不関与の態度をとっている。

く、むしろ、村の経済を発展させたことで村の中国共産党支部に自らの権威を確立したといえる。

Y氏による権力拡大の経路については、次のように整理できる。まず、2007年の非協力的な社会環境のなか、Y氏は数少ない支持者を率いて駐車場の整備のような小ビジネスを行い、そこで生じたすべての利益を支持者や村に還元した。そして信頼関係を築いた支持者を中国共産党に入党させ、村の幹部に任命した。組織化した支持者が積極的に農民を遊説動員して、支持者をさらに増やした。その後、用水路工事の成功により高い評価を得たY氏は受動的に協力した村民と区別して、積極的な支持者である会員（出資者）に利益（用水協会の配当）を与えた。この利益配分は出資契約に基づくものであり、合法的なものであるが、それによってY氏を支持する村民が増え、組織が強化された。その後も、水田の改造や養殖、果樹栽培など、一連のビジネス展開のなかで、支持者優先の利益配分と高まる支持者の忠誠心による組織強化の循環が繰り返された。つまり、支持者層を拡大しながら組織化を実現していった。支持拡大のためには、対象者に利益配分を行う必要がある。利益配分のためには、新たな利益を確保するだけでなく、利益に対する支配権を握ることが必要である。そして、利益の拡大にはさらなる組織化、支配権に対するさらなる支持と忠誠といった循環が生まれているのである。

拡大する経済的利益と強化される管理体制のなかで反対する声が次第に弱まり、橋村の行政・人事・宣伝・財政・開発等における様々な権限がY氏に集中した。この過程において、Y氏への経済的利益の分配が徐々に拡大し、特に村全体を統括する地域総合型グリーンツーリズムが展開された後、Y氏は利益を分配せず、公有財産でありながら家族による管理を行い、村民委員会・合作社・旅行会社を運営すると称して独裁的な支配を実現した。

Y氏による独裁が形成される要因として、橋村の産業的特性も深く関連している。橋村の主な産業は農業と旅行業であるが、旅行業は農業の上に成り立っている。請負制の下で農民は土地の経営権と農畜水産物の処分権を有するが、農業生産において用水路や農道も生産基盤として欠かせない。さらに、水田の整備や農法、土地改良等に関連する農業技術は生産性を左右する重要な資源であるが、そのいずれも農家単独で構築・開発できるものではない。

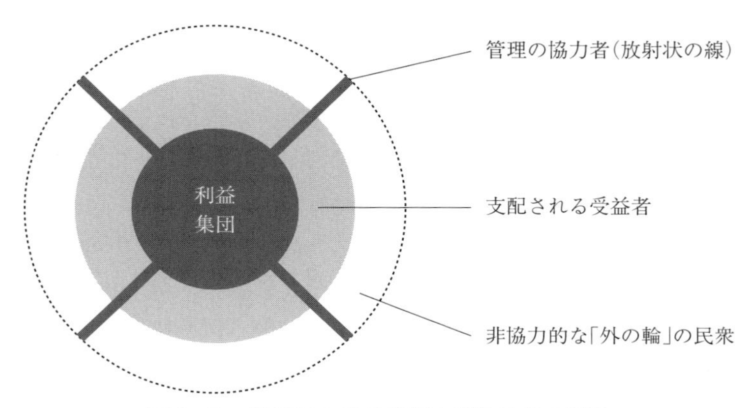


図8－2　橋村における支配と利益配分の構造

（出所）筆者作成

以上の生産財の構築・整備・管理・利用はY氏を支持する組織によって行われている。

## 3　リーダーによる支配の構造

第4章で議論した「差序格局」の構造を援用すれば、リーダーは中心に位置しており、その影響力は「水の波紋」のような構造で発揮される。リーダーという公的役割と私的役割の両方を持つY氏を取り巻く環境では、図8－2のような支配と利益配分の構造がみられた。

リーダーによる公的役割は主に村民委員会の幹部、または経営者としての権力の行使であり、私的役割は主に家族・親族・支持者等の「身内」への利益の供与である。公的役割と私的役割の境界線が曖昧になれば、権力の行使と利益の供与が自然に結び付き、周囲のリーダーに対する協力の積極性も利益配分に比例する。無論、波紋の中心（リーダー）から遠く離れている者からも協力を得る、または、反発を軽減させるため、「外の輪」（民衆）への利益の供与も必要となる。また、「水の波紋」の構造では、中心にいる者の力が同心円の外側に行くにつれて弱くなるとされているが、それは私人の場合であり、組織を運営する場合はより複雑な構造となる。

私人の場合、「圏子」（利害関係を共有する者）の範囲は本人の能力に応じて伸縮するが、公人がリーダーとして振る舞う場合、求められるガバナンスの範囲は村や地域全体に及び、伸縮しない。ガバナンスを有効に実施するため、リーダーは可能な限り私的関係の範囲を拡大させる。それだけでなく、私的関係が届かない領域に対して、彼らは様々な方法を駆使して自らの影響力を拡大する必要がある。政府・政党の権威を借りたり、あるいは自ら功績を顕彰して威信を高めることもあるが、最も直接的で効果が高いのは協力者を利用して組織的に管理する方法である。つまり、図8-2の示す通り、「中心」の意思を「外の輪」まで伝達し、末端を管理・動員するため、「中心」と各レベルの輪をつなぐ「放射状の線」（管理の協力者）が必要となってくる。「中心」に通じる「放射状の線」の利益のレベルは「中心」と一致することが重要であり、その利益の一致こそ彼らにとって「中心」のために働く意欲の源である。

外側にいくにつれ、利益配分の低下に応じて、民衆の協力に対する意欲も低下していくが、「放射状の線」の役割を果たす組織の協力者が「外の輪」を構成する者の非協力行為に対して不利益を与える。いわば、飴と鞭の使い分けである。この「中心」と「外の輪」と「放射状の線」による蜘蛛の巣のような構造が村を動かす管理システムとなっている。「趨利避害」（利益を追求し、害を避ける）の心理の下で「外の輪」が「中心」に近づき、支配の構造が強化されることで権力が集中し、リーダー個人の志向や価値観が集団を支配する。

利益集団が中心から分裂する場合を除くと、通常リーダーに対する反発は同心円の外側から生じる。しかし、利益集団以外に位置し、独裁的に支配されながらもリーダーから利益を得る層が存在しており、彼らはリーダーを支持している。図8-2において濃い灰色で塗られている部分が利益集団を構成し、その面積が大きければ、「外の輪」は中心に位置する利益集団を崩壊させることができない。この構造が生まれる理由は、生産財と生産過程に対する一元的な支配にある。さらに、中国の垂直的な管理体制はこの利益の提供を独占することで利益の分配方法、すなわちリーダーによる支配構造を固定化してしまう。

## 小括

以上の調査結果が示すように、一元的な支配構造を示す地域経済のなかでは、生産財を構築する能力と生産財にアクセスする権限を持つリーダーによる独裁的な支配が形成されやすい。いわば、農民は独裁的なリーダーを選んだわけではなく、農村における社会環境が才能を持つリーダーを独裁者にするということである。そして、拘束されない権力から腐敗が生まれる。

歴史的に農業は中国の農村社会における最も重要な産業として、一元的に利益を提供してきた。そのため、生産財へのアクセス権を持つリーダーたちが農村を独裁的に支配し、利益を収奪してきた。無論、収奪の拡大が農民の容認する範囲を超えた場合、リーダーへの支持が反対に変わり、支配の体制を崩壊させることもあるが、一元的な利益構造のなかで、組織化による利益と交渉コストを外部化するため、農民は強力なリーダーを繰り返し求めてきた。民主主義的な選挙制度を用いても、図８－２で示す支配構造を根本的に解体することは難しい。その脱却には、まず独占的で一元的な利益構造を打破しなければならない。また、権力を監視するシステムと利益の固定化を防ぐための流動的な権力構造の構築と法整備が求められる。

中国の農民は組織化の過程で生じる交渉・監視の負担を嫌って、その責任をリーダーに転嫁しようとする。つまり、農民は自らの交渉コストをリーダーの管理コストに転換し、外部化することを図る。そして、経済的利益の達成後、公的な立場を利用したリーダーによる独裁的な支配と利益の収奪に対して、農民はリーダーが支払う管理コストへの報酬とみなして容認する。リーダーの公的作用による経済的利益と失われる自由及びリーダーによる収奪に伴う不利益を比較してリーダーの支配を容認するかどうか決めることになるが、一元的な経済構造のなかで、リーダーの支配は制御不能に陥ることが多い。従って、郷紳や共産党の政治幹部、そして本章で論じたようなリーダーは、時代は異なれど、リーダー支配に利益を見出す中国農民の合理的な選択の結果なのであり、それこそが現象の本質と考えるべきである。彼らにみられる利益志向型の目標設定と経路選択は明らかに管理コストと交渉コストを考慮し、その判断には農民の能動的な一面と合理性がみられる。

# 第 9 章

# 共有経済の創出と効果[1)]

## ―湖南省Ｄ区の事例―

## はじめに

第２章で示したように、社会保障は所得保障と医療保障の２つの柱から構成される。このうち所得保障の一部である貧困削減は、貧困の危機に陥る者に対して最低限の生活を保障するために経済的援助を行う制度であり、社会保障体系の一環として重要なものである。国家または社会が所得移転によって貧困者の所得を保障し、その財源は、一般税収を原資とする方式、いわゆる政府による負担となる。

改革開放政策実施以降の中国では、長期にわたる工業化と経済成長により就業機会が創出され、国内における貧困問題が大幅に改善された。ところがこの所得の向上は、市民が自らの労働力を商品化することに基づくもので、貧困者への所得移転による再分配のシステムが確立されているとはいえない。特に、様々な要因により貧困削減制度が進んでいない農村地域では、労働能力を失った農民の貧困が多発している。

中国では県や郷鎮等の地方政府が、労働能力を有しておらず身寄りのない者に対して、「五保」制度を設けており、最低限必要な社会保障を提供している。しかし、身寄りはあるものの、通常の労働能力を有しない世帯にはこの制度は適用されないため、五保世帯に比べて彼らの貧困問題はより深刻になっている場合が多い。五保世帯に該当しない貧困者の場合は、生活保護

---

1）本章は「中国の農村社会における共有経済の創出と地域福祉：湖南省羊村の取り組み」（『中国21』第 55号、2021）の一部を加筆修正したものである。

（低保）を受給する。

また、中央政府は「開発扶貧」（開発による貧困削減）プロジェクトの形で農村地域に対して大規模な資金を投じているが、これらのプロジェクトはその目的が雇用機会の創出におかれ、労働力の商品化に立脚した貧困対策だといえる。労働能力を有しない貧困者にとって、ワークフェア（work と welfare の組み合わせ）の意味を強く帯びるプロジェクトが実施され、就業機会が創出されても、彼らにはその機会をつかむことができず、貧困から脱出することはできない。従って、労働能力を有しない者からみれば、政府による継続的な救済型の貧困削減が十分に得られなければ、生活への保障は親族等の血縁関係や地縁関係に頼るしかない。そして、税金を徴する権限を持たず、安定的な収入もない村民委員会にとっては、政府による制度化された公的扶助を除いて、貧困層を救済するための財源は一時的な「扶貧款」（貧困者への給付金）と慈善団体や個人による寄付しかない。無論、これらの資金源は不安定であり、それによる救済の範囲は狭く、継続性もないため、村民委員会が主体となって貧困削減を制度的に確立し存続させることは容易ではない。

ところで、中国の農民は土地に対する所有権を有しないが、物権化した請負権を有している。農村地域では、土地の資産的価値は低いが、生産活動を行うことによって持続的に価値を作り出すことが可能である。この考えに基づいて、本章は中国湖南省常徳市の羊村における共有的な社会関係によって統御される経済を事例として、村が主体となって貧困削減を展開する試みに注目する。この事例を通じて共有経済[2)]の創出と農村社会保障の展開との関係について分析したい。具体的には、「三権分置」に基づく土地所有制度の下で、村を単位とした合作社が如何にして大規模な農業経営を実現し、どのように貧困世帯や高齢世帯に安定的な収入をもたらしたのかを明らかにする。最終的に、近代的な農業経営を実現しながら、共有経済による貧困削減

2）共有経済は近年注目される所有形態の１つで、シェアリングエコノミーとも訳される。通常の用例では ICT ツール等の利用による共有が強調されるが、本章で論じる共有経済は土地における共有である。

を実現する仕組みを解明する。

## 第1節　社会保障の提供と共有経済

社会保障の問題が発生する契機について、星野貞一郎はまず、労働能力の衰退等によって生活を支える十分な収入が得られず、他に資産収入等もなく生活費が不足して、社会的対応策が必要な状況を想定した（星野、1989）[3]。生活費を提供する主体は３つあり、すなわち、家族による制度化された扶養、保険等の市場で購入した福祉、政府による供給である。福祉国家では家族や市場から十分な保障が得られない者に対して、政府が不足する社会保障を最終的に提供する。また、政府による社会保障の提供方法に関して、不足の分だけ政府が負担する場合は消極的な福祉、または、残余的福祉国家と呼ばれ、市民権に基づく政府による全面的な負担は積極的な福祉、または、制度的福祉国家と呼ばれる（エスピン・アンデルセン、2001：８-38）。そして、制度化されておらず、不十分な市場機能と政府機能の下で福祉の供給を家族や親族に頼らざるを得ない状況について、エスピン・アンデルセンは成熟していない福祉国家であると考えている。

一般に、伝統社会における地域による福祉の提供は、共同体関係に基づくものであることが多い。多くの国において、地縁血縁によって発生する社会関係のなかで人々は互いに影響し合い、陶冶し合い、現代に至るまで親族以外の者にも福祉を提供し続けてきた。それは資本主義的生産関係が誕生する以前、普遍的に存在していた共有経済にも影響される。コミュニティにおいて共有されるのは土地・資本・労働であり、星野が言及した生活を支えるのに必要な生産財がすべて含まれる。伝統的な共同体関係は住民間の監視や交渉によるコストを抑え、共有資源の有効利用に関する効果が認められている。共有経済は生産財に対する所有と農業生産を展開する方式だけではなく、生

３）星野は老人問題を念頭に以上のことを述べたが、本章はその考えがすべての不十分な労働能力を有する市民にも適用されると考えている。

産財の提供に応じて利益を構成員に還元する搾取のない分配方式でもある。

フェルディナント・テンニエスは、一般的に地縁や血縁等によって発生した感情的で、人格的に融合する社会集団となる共同体（ゲマインシャフト）が自然発生的かつ伝統的な共同体関係であり、近代以降、利害や打算といった人為的な選択に基づいて構築される利益や機能を追求する機能体組織（ゲゼルシャフト）に移行すると主張した（テンニエス、1957）。つまり、テンニエスによる社会進化論では、日本型の共同体関係が最終的に利益に基づく社会集団にとって代わられる。ギャレット・ハーディンも私有制に基づく市場経済の浸透に伴い、自己利益の最大化を目指す利用者の判断が共有資源の減少を招き、最終的に共有は破滅に向かうと主張した（Hardin, 1968）。それらの主張に対して、ジェレミー・リフキンは「コモンズの悲劇」が起こる可能性の高いことを認めながらもその必然性を否定し、ガバナンスによって回避できると主張した（リフキン、2015：238）。そして、共有資源の利用にあたって、エリノア・オストロムは利用者組合が政府による承認を得たうえで利用者の範囲、利用制限と規則、組合の運営と責任、罰則を決め、利用者同士の争いを低コストで迅速に調停する役割を果たさなければならないと指摘した（Ostrom, 1990：91-102）。つまり、共有の正当性を確保することを前提に、資源の管理とフリーライドを防ぐためのコストを効果的に抑えながら、共有資源を創出・管理・保護・利用する環境を整備していくことが可能であるし、またそうしなければならないと論じられてきた。

コミュニティの構成員による資源の共有は、生産効率の向上と私的利益の最大化を目的とする市場経済に対抗するものではなく、むしろ市場機能への調整及び補完と位置付けられる。ただし、日本のような共同体機能が欠如する中国の農村社会において、如何にして管理・交渉コストの低い生産システムを構築するかが共有経済に基づく持続的発展につながる鍵となる。

## 第2節　中国農村における社会保障の展開

1950年代初期の社会主義改革以降、中国政府は都市部の労働者に対して充実した労働保険制度を提供し、農村部では部分的に保護する「五保」制度を設けた。それ以外に国民の基本生活を保障する制度は存在せず、労働能力の低下等によって生活が維持できない者は、最低限の保障を家族や親族に頼るしかなかった。

改革開放政策が導入されてから、長期にわたる工業化と経済成長により、国内における貧困問題は大幅に改善された。この所得の向上は、市民が自らの労働力を商品化することに基づくもので、貧困者への所得移転による再分配のシステムの確立を伴っていない。むしろ市場経済の導入はそれまでの国有企業と人民公社が支えていた社会保障制度を崩壊させ、中国の社会福祉を大幅に後退させたのである。その後の十数年の模索を経て、都市部の国有企業に基づく保障は市場に基づく保障へと方向転換が行われたが、貧困削減制度と経済発展が進んでいない農村地域では、特に労働能力を有しない農民を中心に貧困が深刻化した。

1993年、国有企業改革に伴う大量の失業者に対応するため、上海では「低保」と称する公的扶助制度が実施され、さらに1999年に「都市部住民最低生活保障条例」が公布されて全国の都市部に普及した。農村部では1994年に「低保」制度に対する検討が開始されたが、10の省で実験的に展開されたのは2002年、全国的な制度として確立されたのは2007年のことであり（張、2008)、都市部より大幅に遅れた。さらに、実施当初、救済範囲の狭さや保障水準の低さ等の問題が指摘され（王、2008：８)、その後、見直しが行われたものの、貧困層が十分カバーされておらず、貧困削減における都市優先や農村軽視の問題は深刻であった（王、2010：164–177)。

羅楚亮は約７万３千世帯のデータに因子分析を適用した結果、中国農村では貧困率が低下しているが、貧困の程度は根本的に変化していないという結論に至った。貧困世帯と非貧困世帯との所得格差は拡大傾向にあり、特に2010年以降、貧困世帯への扶助はより困難になっているという（羅、2018)。立地条件以外に、貧困世帯と非貧困世帯の所得格差は主に賃労働によるもので、世帯間における就業者数の違いは所得格差をもたらす主な原因となっている。また、非貧困世帯に比べ、貧困世帯の生計はより農業生産に頼る傾向がみられた。貧困削減政策の展開に関して、羅はその効果に期待しつつも、実際貧困率の低下に寄与していないことを明らかにしている。

市場経済の進展により、労働力と資本は生産性の高い産業へ移行する。農村においても生産性の高い分野への流動化によって、資源の効率的な配置が期待される。また、中央政府による労働力の商品化に立脚した開発プロジェクトも展開されている。デスモンド・キングやナンナ・キルダル等は公的扶助に依存する者に対して、必要な生活保護を与えると同時に、政府が積極的に労働市場における新規雇用機会を創出して、労働参入の障壁を取り除くことの必要性、すなわち、ワークフェアを展開する有意性を力説している（King, 1995；Kildal, 1999）。中国の貧困削減プロジェクトは、ワークフェアの性質を強く有している。しかし、就業機会が創出されても、労働能力を有しない貧困者にとって、彼らにはその機会をつかむことができず、貧困から脱出することはできない。

2013年以降、中央政府は「精準扶貧」（「詳細かつ正確な」貧困削減）政策を打ち出した。個別調査に基づく貧困世帯の選別や、貧困に陥る原因と貧困の実態を把握して、生産・移住・環境保護に伴う財政補助・教育・社会保障といった5つの方法を取り入れ、監督責任を明確にしたうえで、労働能力を有する者に対して産業支援・就業支援・移住・教育支援を行い、労働能力を有しない者に対して補助金や「低保」を活用して貧困を撲滅することが目的であった（張、2015）。しかし、「精準扶貧」政策では具体的で実行可能な支援策を定めておらず、それまでの「開発扶貧」及び補助金の活用との間に本質的な差はなかった。地方幹部の監督責任を強化することで一部の地域では貧困問題の改善もみられたが、その一方、結果優先の盲目的な開発による浪費と補助金の乱発が農村現場の混乱を引き起こすことも危惧される。従って、「精準扶貧」は持続可能な政策というより、むしろ貧困根絶のスローガンを掲げたキャンペーンの性格が強い。結果的には、飯島渉と澤田ゆかり（2010：104）が指摘した「農民にとって請負制に基づく土地に対する権利は農村における最大の生活保障であり続けた」という状況から本質的な変化がみられず、中国農村地域における貧困問題の軽減は基本的に経済成長によるものであり、政策的な貧困削減による効果とは言いがたい。中国民政部の発表によれば、2018年末の補助金等支給基準は1人あたり年間4,833元であり、2015年に世界銀行が改定した貧困ラインである1日1.9米ドルに相当する。しかし、国際貧困ラインは最貧国の購買力を基に実質的価値に見合ったものに見直し改定されたため、高中所得国である中国の物価水準から考えれば決して十分な金額とはいえない。『中国統計年鑑2020』によれば、2019年の農村住民の所得水準最下層20%の世帯の1人あたりの年間所得は4,263元となっており、1日あたり1.7米ドル未満である。この金額は中所得国の3.2ドルの国際貧困ラインを大幅に下回る。

労働能力を有しない者からみれば、政府による継続的な救済型の貧困削減が十分に得られなければ、生活への保障は親族等の血縁関係や地縁関係である農村自治体に頼るしかない。税金を徴する権限を持たず、安定的な収入もない村民委員会にとって、政府による制度化された公的扶助を除いて、貧困層を救済するための財源は一時的な「扶貧款」(貧困給付金)と慈善団体や個人による寄付しかない。しかし、これらの資金源は不安定であるため、救済の範囲が狭く、継続性もない。村民委員会が主体となって貧困削減を制度的に確立し存続させることは容易ではない。

上述の通り、「低保」の貧困削減に対する効果が限定的であるため、十分な労働能力を有しない貧困世帯への救済には、より確かな制度として確立できるものが求められる。そして、財源による制限等を考慮して、新たな公的扶助を制度として成立させるには、土地資本の活用による価値の創出とそれに基づく再分配の可能性を検討すべきである。

## 第3節　羊村における共有経済の創出と貧困削減への取り組み

### 1　調査地の概要

D区(県級、第3級行政単位)の羊村は湖南省北部の人口587万人を擁する常徳市の中心部から南へ20キロメートルの場所に立地し、桃花源空港までの距離はわずか3キロメートルであり、国道207号が村を貫通し、交通の利便性が高い。9つの集落で構成される羊村の総人口は757世帯2,575人である(2017年現在)。総面積9,450ムー(6.3平方キロメートル)のうち、水田は3,334ムー(222.27ヘクタール)、森林は2,350ムー(156.67ヘクタール)、河川及び湖沼は560ムー(37.33ヘクタール)、畑は87ムー(5.80ヘクタール)となっており、土壌は主に粘土質の赤土である。平坦な地形と温暖な気候で、湖南省北部に流れる沅江の支流である枉水川が村を流れている。

水資源が豊富な羊村の主な産業は稲作である。1970年代までの一期作では１ムーあたりの生産性は150キログラム前後であり、食料は自給もできなかった。1982年以降は土地の請負制が確立され、翌年から15年の請負期間が確定された。1995年、請負期間の満了を迎える前に、土地面積の調整を行ったうえで30年間の延長が実施された。それにより、農民の生産意欲が高まり、二期作の導入によって生産性が急激に上昇した。１ムーあたりの生産性は、1988年の420キログラムから2014年の715キログラムまで上昇し、同年の米の総生産量は255万キログラムに達した。その後、生産高重視の二期作が部分的に見直され、2017年の生産量は245万キログラムになった。

稲作以外の経済活動に関して、2017年羊村では鶏や鴨等の家禽の販売量が１万3,000羽、卵5,500キログラム、売上額はそれぞれ約70万元と約１万元である。魚の出荷は約7,500キログラム、販売額は約13万元である。林業では椿の栽培面積が1,038ムー（69.20ヘクタール）を占めており、5,709キログラムの椿油を出荷し、販売額は22.8万元であった。それ以外の林業による収入は木材30立方メートル（3.2万元）と竹15,000本（4.3万元）となっている。農業以外では、個人が経営するレンガ等の建築材料工場、機械修理工場、食品加工工場が合計26か所、販売額は約1,140万元である。村内の個人経営商店は８店舗、売上額は約35万元である。県区外で家電製品や食品等の販売を営む者は13世帯、売上額は約400万元である。農民工は450人、賃金総額は約1,300万元となっている。2014年、羊村の１人あたりの所得は11,000元になり、湖南省の平均１人あたりの所得（10,060元）と全国平均１人あたりの所得（10,489元）を上回った。2017年には１人あたりの所得が17,500元になり、湖南省平均の12,936元と全国平均の13,432元をそれぞれ35.3％と30.3％上回った。2017年の１人あたりの所得は1978年の14倍であり、平均の年間成長率は30％となった。以上のことから、羊村は立地条件の優位性を活かして、農民の所得向上を成功させたといえよう。

## 2　貧困削減への取り組み

羊村における貧困削減は2つの部分から成る。1つは後述する村独自の取り組みであり、もう1つは「五保」、「低保」といった公的扶助に加え、年金を積極的に導入したものである。1956年から開始された「五保」制度は、人民公社（郷鎮）による認定と出資の下で設立されたが、1961年から出資元が生産大隊（村）に変わり、保障の不安定な状態が続いた。1981年以降、人民公社の解体に伴い、「五保」制度は実質上破綻した。それに対して、1983年に県政府が衣食住に関する最低保証を村の責任として決定し、さらに、1986年に「五保」の基準を設けた。しかし、当時の村の経済状況では実施は保証されず、1998年以降、「五保」制度に対する管轄権は民政局に移譲され、政府予算が充てられている。2017年、羊村の「五保」の対象者は24世帯の26人であった。

本章では、「五保」の条件を満たしていない貧困世帯に対する生活保護、いわゆる「低保」制度を研究対象とするが、この制度は2002年から実験的に導入され、2007年に確立した段階での支給金額は年間420元であった。2017年以降の支給基準は、1人あたりの年間所得が4,500元未満、かつ商品化された住宅と車を所有しない者に対して、最大年間3,840元の支給となっている。支給後の所得が4,500元を超えないように収入に応じて減額され、4等級に分けて支給される。2018～2019年、羊村では13世帯の25人に適用されている。貧困世帯の選別にあたって、被災・事故・疾患等による出費を収入から控除した額で支給が判断され、最低限の生活を保障するという意味では合理的に設定されている。

中国農村では年金の普及率の低さが問題となっているが、羊村では村民委員会が積極的に働きかけたことで、他の農村地域に比べて早くから年金制度が導入され、普及も迅速であった。2017年の加入率は95%ほどの高水準であった。その理由は起業家でもある「羊村慈善協会」（後述）の会長を兼務した村長のJ氏の貧困削減意識によることもあるが、羊村は都市部に近いため、情報の入手が速く、都市部の福祉政策による影響を受けやすい等の環境的要因も考えられる。2011年に導入された年金制度によれば、通常15年以上の連続加入で受給資格が得られるが、制度が導入される初年度から加入した者は満60歳になれば受給できる。ただし、15年分の保険料を支払わなければならない。2011年当初の支給金額は1人あたり600元であったがその後調整され、2017年には630人の受給者に対して、それぞれ1,236元が支給された。

湖南省の他の農村地域に比べ、羊村は顕著な貧困問題を抱えているとはいえないが、これらの扶助は決して十分ではない。貧困の状況を明らかにするため、筆者は2018年から2020年にかけて貧困世帯の所得構造を調査した。最も貧困である5世帯は以下の通りである。

事例1（CL氏57歳、独身）

CL氏の所得は1,236元の年金と水田1ムーに対する175元の補助金及び自家消費分を除いた米の販売収入400元である。合計1,811元の収入に対して1,800元の低保が決められ、総所得は3,611元となる。これは2018年羊村の平均所得（約18,000元）の20.1%に相当する。そこから200元の年金保険と110元の健康保険、合計310元を支払い、残額は3,301元であった。

事例2（LD氏55歳、独身）

事例1とほぼ同じ状況であるが、CL氏より米作りによる収入が200元少ないため総所得は3,401元となり、羊村の平均所得の19.0%となっている。そこから200元の年金保険と110元の健康保険、合計310元を支払い、残額は3,101元であった。

これらの事例はいずれも60歳未満であるが、年金が支給されている。もし彼らに年金が支給されていなければ、年金とほぼ同額が低保として上乗せされる。その場合受給者の受取金額の合計は変わらないが、支払う項目、すなわち生活保護の支給額が異なってくる。地方行政にとって貧困削減の成果が如何に重要であるかは、この「調整」を通じて窺える。

事例3（CJ氏62歳、長女24歳、2人世帯）

CJ氏は高齢で障がい者でもあるため、長女による介護が必要である。世帯収入はCJ氏の1,236元の年金と2.5ムー（0.17ヘクタール）の水田に対する437元の補助金以外に、常徳市で臨時の仕事に就く長女の賃金5,000元と米の販売収入600元からなる。2018年、CJ 氏は医療費7,700元を支払ったため、その金額が控除され、家族２人にそれぞれ3,840元の最も等級の高い低保が適用された。合計すると１人あたりの所得は3,627元で、羊村の平均所得の20.2％に相当する。２人分の年金保険と健康保険620元を支払った後、１人あたりの残額は3,317元となった。

事例４（JZ 氏68歳、妻65歳、２人世帯）

世帯収入は2,472元の年金と２ムー（0.13ヘクタール）の水田に対する210元の補助金及び米の販売収入800元からなる。2018年に医療費5,100元を支払い、家族全員に年額3,840元の低保が適用されたため、１人あたりの所得は3,031元、羊村の平均所得の16.8％に相当する。年金保険料を一括で支払っているため、保険料は健康保険料の220元だけとなる。保険料を支払った後の１人あたりの残額は2,921元であった。

事例５（JY 氏63歳、妻54歳、長女34歳、次女26歳、４人世帯）

夫婦共に十分な労働能力を有しておらず、長女は障がい者である。世帯収入は JY 氏の年金1,236元と3.5ムー（0.23ヘクタール）の水田に対する612元の補助金及び米の販売収入1,250元からなる。2018年に医療費を6,300元支払い、家族全員に年額3,840元の低保が適用されたため、１人あたりの所得は約3,040元、羊村の平均所得の16.9％に相当する。JY 氏の妻は年金に加入しておらず、４人分の健康保険と３人分の年金保険の保険料1,040元を支払うと、生活に充てられるのは約11,120元、１人あたりの金額は2,780元であった。

中国の農村では、労働能力を十分有しない者が貧困に陥る可能性は高いが、ほとんどの世帯にとって、収入に対して高額な医療費を負担することでより大きなリスクを抱えることになる。羊村が加入した「合作医療」制度は医療

---

4）中国の病院は大きく３つの等級に分けられており、３級病院は省市衛生局や衛生部が直轄するもので一定の基準を満たす医療機関である。２級病院は県レベル、１級病院は郷鎮レベルのものとなっている。

表9－1　羊村慈善協会収支一覧

| 年 | 収入 | | | | | 支出 | | | 残高 |
|---|---|---|---|---|---|---|---|---|---|
| | 寄付金額（元） | 寄付人数（人） | 単価（元／人） | 運用収益（元） | 合計（元） | 慰安金（元） | 弔慰金（元） | 合計（元） | （元） |
| 2016 | 25,600 | 27 | 948 | | 25,600 | 1,700 | 8,150 | 9,850 | 15,750 |
| 2017 | 83,300 | 158 | 527 | | 83,300 | 36,950 | 18,395 | 55,345 | 43,705 |
| 2018 | 17,700 | 29 | 610 | 15,800 | 33,500 | 17,729 | 14,075 | 31,804 | 45,401 |
| 2019 | 21,500 | 28 | 768 | 5,150 | 26,650 | 9,700 | 6,050 | 15,750 | 56,301 |

（出所）調査資料に基づき、筆者作成

機関の等級[4)]に応じて支給基準が異なっている。入院する場合、1級病院は診察費と薬代の90%、手術費は200元まで、2級病院は診察費と薬代の70%、手術費は500元まで、3級病院は診察費と薬代の60%、手術費は800元までが支給される。外来診療の場合、100元以上の支払いに対して60元、年間累積300元まで支給される。さらに、この支給基準は予め指定した病院にしか適用されず、指定外の病院の診療を受けた場合は一律30%の支給となる。つまり、郷鎮病院や指定病院の利用を推奨する仕組みとなっている。しかし、1級である郷鎮病院では、日常的な病気や出産にしか対応できず、手術が必要な怪我や重病、難病を罹患した場合、上級の病院や専門病院を利用することになる。地方の医療条件と保障基準の低さが高齢者・病弱者の貧困をもたらす原因にもなる。

貧困世帯を扶助するため、羊村は2016年に「羊村慈善協会」（以下では協会と称する）を発足させた。2017年に常務理事8人、理事30人が所属する非営利団体として登録され、2019年末の登録会員（寄付者）は169人となっている。協会の収支状況は表9－1の通りになる。

まず、収入の部では4年間にわたって延べ242人の寄付者から、合計148,100元の寄付金が集められた。協会が発足した2016年の寄付者は27人であり、4年間で最も少なかったが、1人あたりの寄付金額が最も高く、948元であった。2017年の寄付者は158人で最も多く、1人あたりの寄付金額は527元で最も低かった。この2年間の動きをみれば、発足当初、村の幹部と富裕層が動員され、翌年には多くの一般村民も動員されるようになったことが考えられる。2018年から寄付者の人数が激減し、発足当初と同じ水準に戻り、１人あたりの寄付金額も2017年を若干上回る程度になった。この結果は、寄付者が幹部や富裕層に戻ったことや１人あたりの寄付金額も「一般村民レベル」に近づいたことを示した。以上の事実から、寄付に頼る慈善事業の収入は極めて不安定であるといえよう。

支出の部において最も安定かつ明瞭なのは弔慰金である。通常１世帯あたり500元を支給するが、分家した場合、分家の数に応じて支払われる。また、死亡者が元幹部や地元の名士、貧困者である場合、金額は1.5倍から２倍に増額される。慰安金の支給は多種多様であるが、大きく分けて、祝日慰安・進学祝い・敬老慰安・病気や災害見舞いの４種類になる。金額はいずれも500元を基本とするが、病状や災害の深刻さ、進学先のレベル等に応じて金額が調整される。支出をめぐっては、協会の村民、すなわち、寄付者に対する配慮がみられる。当初、協会を立ち上げた目的は貧困問題を抱える高齢者・孤児・障がい者への扶助であったが、比較的豊かな羊村では貧困であるのは13世帯の低保受給者を含めて20世帯程度と少数であったうえ、低保の受給者を除いて貧困者を定義する明確な基準もない。寄付金を彼らだけに使用することに対して、寄付する富裕層の反発を招き、平等を図った結果、普遍的な慰安及び弔問に使われるようになった。他方、2017年には「広く集め、広く使う」、いわゆる親睦会のような集金及び使用方法に対する反対の意見が多くみられ、2018年以降、羊村の慈善協会は村長を支持する幹部と一部の富裕層、いわば、協会の理事を務める30人程度の者が出資する村の親睦会となってしまい、貧困削減に対する役割への期待が次第に薄れていった。

## 3　共有経済による貧困削減の展開

2018年になると、食料生産者価格の低迷により貧困世帯の減収はより深刻になった。貧困削減のため、羊村はその年末に合作社を立ち上げ、集団的土地利用による単位面積あたりの生産性と農民所得の向上を図った。合作社は377世帯の農民から1,200ムー（80.00ヘクタール）の水田を集め、その中には22の低所得世帯の67.9ムー（4.53ヘクタール）の水田も含まれる。土地使用料は立地と土壌の条件に応じて、１ムーあたり年間250元・300元・350元の

表９－２　2019年羊村合作社収支一覧（単位：万元）

| | 収入 | 支出 | | | | | | | |
|---|---|---|---|---|---|---|---|---|---|
| | | | 種子 | 肥料 | 農薬 | 労働力 | 機械 | 管理費 | 土地使用料 |
| 早稲 | 76.8 | 98.5 | 5.9 | 12.0 | 9.6 | 5.0 | 21.6 | 14.4 | 30.0 |
| 晩稲 | 114.0 | 73.4 | 8.9 | 12.0 | 12.0 | 5.5 | 21.6 | 13.4 | |
| 合計 | 190.8 | 171.9 | 営業利益 | 18.9 | | | | | |

（出所）調査資料に基づき、筆者作成

３つにランク付けされ、契約期間は2019年から６年間とされた。契約期間中、請負農家に支給される補助金はこれまで通り農家に渡され、耕作農家に支給される補助金は合作社が受け取った。合作社への出資については、46.6万元の初期資金のうち、村民委員会が51％を出資し、村民に対して一口9,500元の金額で加入者を募った。村民委員会の担保の下で銀行から融資を受けた18の低所得世帯と、自己資金で出資した７世帯の合わせて25世帯が合作社の組合員となった。

この合作社のもと生産を大規模化することで生産効率が大幅に上昇し、田植え・除草・収穫にかかる農業機械と労働力の費用は小規模経営の３割程度まで引き下げられ、仕入れと販売のコストはさらに大きく削減された。2019年の早稲と晩稲を合わせて、耕作補助金を含めた18.9万元の営業利益を出した（表９－２）。営業利益の40％は合作社の内部留保とされ、60％の11.3万元は出資者への配当となる。出資比率に応じて、村民委員会側が約5.8万元を取得し、残りは組合員側に支払われ、１世帯あたりの金額は2,200元となっている。

表９－３は合作社の設立前と後における、最も貧困である５世帯の収入の変化を表したものである[5)]。合作社への参加による収入の変化は主に２つ

5）ここでは合作社への参加による貧困対策の効果を評価するため、「支給後の１人あたりの年所得が4,500元未満」という低保の支給基準を参考にして、支給後の合計年所得が4,500元を超えないようにその支給額を推定した。また、評価に際しては、各世帯の年金、土地の請負権への補助金、農業以外の収入及び医療費への支出を固定した。

表９－３　合作社への参加による所得の増加（単位：元）

| 固定収支 | | | | | 合作社加入による変化 | | | | | 比較 | | |
|---|---|---|---|---|---|---|---|---|---|---|---|---|
| | | | | | | | | 低保 | | | | |
| | 年金 | 補助金 | 農外所得 | 医療費支出 | 農業所得（減少分） | 地代と自家消費（差し引き） | 配当（増加分） | （調整前） | （調整後[注]） | １人あたりの所得（加入前） | １人あたりの所得（加入後） | 増加率 |
| CL 氏 | 1,236 | 175 | | － | 400 | 300 | 2,200 | 1,800 | 889 | 3,611 | 4,500 | 24.6% |
| LD 氏 | 1,236 | 175 | | － | 200 | 300 | 2,200 | 1,800 | 889 | 3,411 | 4,500 | 31.9% |
| CJ 氏 | 1,236 | 437 | 5,000 | 7,700 | 600 | 750 | 2,200 | 7,680 | 7,680 | 3,627 | 4,427 | 22.1% |
| JZ 氏 | 2,472 | 210 | | 5,100 | 800 | 600 | 2,200 | 7,680 | 7,680 | 3,031 | 3,731 | 23.1% |
| JY 氏 | 1,236 | 612 | | 6,300 | 1,250 | 1,050 | 2,200 | 15,360 | 15,360 | 3,040 | 3,277 | 7.8% |

（出所）調査資料に基づき、筆者作成
（注）調整後の低保の金額は筆者による推計である

ある。１つ目は耕作による収入が土地の貸し出しによる収入と合作社の営業利益からの配当に変わったことである。表９－３の示す通り、各世帯は合作社に参加することによって農業収入が大幅に上昇したことが分かる。無論、土地を貸し出すことによって自家消費の米を購入することになるが、その金額はおおよそ土地使用料に相当すると考えられ、各世帯では950～2,000元の収入増となる。２つ目は所得の向上により低保の金額が調整されたことである。CL 氏と LD 氏の２世帯では収入の増加により低保が減額されたのに対して、CJ 氏と JZ 氏、JY 氏の３世帯は収入が増えても上限の4,500元を超えないため、低保の金額に変更はなかった。合作社に参加することで各世帯の収入は大幅に上昇したが、その加入と配当の分配は世帯単位で行われるため、人数の少ない世帯はより顕著な１人あたり効果を得たことになる。

## 第４節　共有経済に基づく組織経営の成立条件と効果

共有経済に基づく組織経営を成立させるには、個々の農民による共有資源への侵害を防ぐシステムが必要となる。日本の村落社会では、近隣同士で固定化され、かつ厳密な計算を伴う貸し借りの労働交換の仕組みが制度化されてきたため、協働のなかで自らの失点を作らないように細心の注意を払って周囲との共存関係を維持する集団的自己管理が行われてきたとされる（田原、

2001)。村落の掟や秩序を無視する者に対して住民が結束して交際を絶つなどの制裁を与え、共同体関係の維持を図る。それに対して、中国農村の場合は経済的利益に基づく人間関係が基本であるため、個人の損得による計算が行われ、日本のような共通する価値による自己管理とは異なる。また、地域の共同生産と生活における濃密な近隣関係のなかで、掟や秩序を破る他人の行為に気づいても、人々はその相手との間の交渉負担の増加や争いに発展することを危惧して、行為に対して非難や交渉、制裁する代わりに協働に対する態度が消極的になる。さらに、村の幹部の立場からみれば、不正行為に対して指摘したり、評価を下したりすることは自分への負担が増加する。その負担に応じた報酬がなければ、厳正な管理を行おうとするインセンティブが形成されない。その結果、中国農村では日本のような労働交換や協働に基づく公共財の構築・利用・管理システムを維持することが容易ではない。人民公社の低生産性も、農民の労働意欲の低下と協働関係の破綻が招いた結果である（林、1992：45-69)。

それに対して、羊村の共有経済は、物権化した請負権の下にある土地を共有化する組織経営である。この経営方式は人民公社や日本の集落営農のように労働力を共有することとは異なり、共有する範囲が明確で、投入量の計算が容易である土地と資本に限定されている。労働力の投入に関して、評価基準が曖昧な協働ではなく、労使契約に基づき、技能や労働時間、業務内容に応じて明確に対価を支払う賃労働の方式を採用した。経営が独立した合作社は地域社会における高い交渉コストによる影響を受けず、資本と土地の統合によって生産コストを大幅に下げ、大規模化によって生産の効率化を実現した。つまり、市場原理を反映した農業生産が行われたのである。さらに、分配に関していえば、土地の条件と面積に応じた土地使用料、労働生産性に応じた賃金、資本金に応じた配当に対する支払いは公平性と透明性を有し、村民の支持を得ることができた。従って、土地・資本・労働の明確な所有権に基づく合理的な分配は合作社の経営を軌道に乗せたといえよう。

通常、貧困対策は政府による負担となるため、独自の財源を有しない村民委員会によって実施される可能性はほとんどない。問題の根本に気づいた羊村は財源の創出に着目して、人民公社時代とは異なる形で資源の共同化を始め、共同利用及び共同分配することで貧困世帯に資産収入をもたらし、それによって生計を立てる可能性を見出した。一般的に、社会保障は所得移転に依存するため、保障の度合いは税金徴収の仕組みと規模に左右される。また、いわゆる「消極的な社会福祉」を実施する場合、受給者には社会的弱者のレッテルが貼られ、受動的な立場におかれる。羊村の貧困削減はそのような所得移転に頼ることから、生産財の保有と利用へと移行した。つまり、合作社による貧困削減は生産による社会保障であり、より積極的で、貧困世帯の立場もより能動的になるといえよう。

福祉受給者と一般労働者との間では生産能力と労働意欲の差があり、ワークフェアを展開するには賃金水準の設定等に関する公平性の問題が生じやすく、それをめぐる労働者同士の対立が交渉コストを引き上げ、生産活動の進行を妨げる。しかし、上で述べたように、労働面での共同ではなく、土地と資本に限定した共有経済を展開すれば、ワークフェアに類似する福祉効果が得られる。羊村のような土地と資本に基づく共同資源の創出と利用、市場原理に準じた生産活動の展開、土地と資本の投資に基づく分配からなる福祉、いわゆる「コモンズフェア」（commons と welfare を組み合わせた筆者の造語）は、交渉コストの上昇を避け、生産活動のより円滑な実践を可能にすることになる。

羊村は公的扶助と、個人と企業による寄付に頼ることを経験した後、2018年から合作社を設立して、共有資源の創出と利用に基づく貧困削減を試みた。生産財の共同利用によって生産の大規模化が実現され、生産性の大幅な上昇によって農業の近代化を促進した。日本の集落営農と異なって、羊村は共同生産ではなく、土地と資本を共同利用することで交渉コストによる影響を避けた。貧困削減にあたって、所得移転による再分配の方式を取り入れず、生産による積極的な社会福祉を導入した。市場原理に対抗するのではなく、むしろその合理性と効率性を農業生産のなかで活かし、土地と資本の投入に基づいて明確な分配を行い、営業利益を構成員に還元した。貧困世帯に対しては、村民委員会の担保により銀行からの融資を受け、組合員として合作社に参加させた。この低リスクかつ低負担の投資は最終的に労働能力を有しない貧困世帯への扶助につながった。

## 小括

通常、貧困対策の財源は政府による負担となるため、納税者からの一般税収を原資とする。その結果、常に福祉政策の変化に影響され、受給者と納税者との対立がしばしばみられる（Little, 1999）。共有経済の創出による福祉、つまり本書が考える地域社会レベルでの「コモンズフェア」は受給者と納税者のように境界線を明確に設けておらず、生産による社会保障はより積極的で、能動的な特徴を持つ。無論、銀行融資のリスクは村民委員会が負うことになり、それは実質的に村民全員に分散されるかたちとなっており、生活保護の財源を社会全体に求めることと根本的には変わらない。しかし、消極的で社会の対立を生み出す生活保護に比べ、羊村の合作社の試みは、一部の世帯への低保の金額を減少させ、加入者の生活水準を確実に高め、所得移転に基づく貧困削減よりも高い効果が得られた。なによりも経済的弱者が所有する生産要素を集団で活用することで、貧困世帯の経済的自立と精神的自立を促し、尊厳を取り戻すことに有意に働き、貧困対策をめぐる貧困世帯と一般世帯との対立を軽減させる効果が期待される。この効果は、貧困世帯、とりわけその次世代が抱く劣等感の克服、通常の社会生活を営むための社会関係の維持により重要な役割を果たすことを強調しておきたい。

2020年、羊村では夏季の洪水によりすべての晩稲が冠水被害を受けた。保険会社により１ムーあたり120元の保険金が支払われたが、予想した農業収入は確保できなかった。無論、2019年の内部留保により翌年の生産は保証されたが、この出来事により、村単位という狭い範囲における共有経済による福祉効果の限界も露呈した。2020年10月、羊村は合作社の1,200ムー（80.0ヘクタール）の水田について近隣のＫ県との共同生産を図り、合計3,000ムー（200.0ヘクタール）規模の水稲経営を試みるに至った。この地域間における共同経営は自然災害によるリスクを軽減したが、羊村にとって経営主導権の喪失や管理費の負担等の問題を抱える結果となった。村長のＪ氏に対する2020年末の電話インタビューのなかで、農民の所得向上と独自の管理を両立させることの困難性と多様な収入源を創出する重要性が明らかになった。これらは今後の課題として継続して検討していくべきであろう。

# 終章

三農問題は、1990年代以降中国社会が抱える最も深刻な社会問題といっても過言ではない。その解決は中国政府にとって急務である。中国政府は、経済発展の目標を達成するための発展段階、とりわけ、ルイス転換点を強く意識しながら、農村の貧困問題の解決を図るために生産性の向上を重視してきた。その結果、農村経済の市場化が推進され、それと同時に緑の革命的な生産性の向上や増産政策が展開されてきた。しかし、これらの政策の導入は三農問題、とりわけ農民の相対的な貧困の深刻化をもたらした。経済面のみ強調する中国政府の政策に対して批判的な本書は、三農問題を、人・産業・地域社会の再生に基づく持続可能な発展という複合的な方法で解決するべきものとして捉えている。問題の形成には、制度的な要因が関連しているため、その緩和・解決に向けても制度的対応が必要と考えられる。

本書は、三農問題を、①中国農業の近代化はどのような問題に直面し、如何にしてそれを緩和・解消するのか、②農民は如何にして所得向上を実現するのか、③農村は如何にして経済的・社会的再生を実現するのか、と具体的に考え、地域の発展を支える諸制度に基づく問題の緩和・解決を検討した。

地域の存続が可能かどうかは、地域再生に必要な人的物的諸要素の量と地域の生産（再生産）能力によって決まる。地域の産業機能と経済基盤の考え方、いわゆる経済基盤説を引用すると、地域の経済活動は３つに分けられる。①地域の生産能力が地域内の消費量を上回り、余剰分を地域外に移出する基盤的活動。②地域内部の需要を満たすための非基盤的活動。③地域の自己消費が充足できず、地域外から移入する活動である。①は地域外から所得を得て、地域の存立発展を支えるが、②と③のいずれも地域の自立を直接可能にすることはない（濱・山口、1997：123）。自立・存続のため、地域は外部から収入を稼得する基盤的活動を用意する必要がある。経済学は労働力も商品として捉え、農村が持つ交易財は食料及び原材料と労働力と考えている。本書はこの経済学的な考え方を社会全般に敷衍して論じ、人や産業等の維持を妨げる制度的要因を取り除くことが持続可能な発展につながると考えている。

北東アジアにおいて農村地域が衰退する原因は、人口再生能力の低下と基盤産業の不在と考えられる。日本と韓国の場合は、ルイス転換点を通過してから、農村地域が移出できる余剰労働を失い、加えて自由貿易のなかで農産物の国際競争力を失ったことにより農業の交易条件は悪化した。地域外と取引する農産物を失った農村部は都市部からの支援に頼らざるを得ず、衰退する一途を辿った。中国の場合は、日本よりさらに不利な農業条件に直面し、それに加えてルイス転換点を通過する前に人口ボーナス期の終了を迎える可能性が高い。労働力の供給不足による非農業部門の賃金上昇が発生すれば、工業部門への資本蓄積が妨げられ、技術革新が遅れる。人口ボーナスを失った中国は農村部の衰退だけではなく、中所得国の罠からの脱出がより一層困難になることも危惧される。

これ以上人口ボーナスに期待できない中国にとって、生産性の向上による農業部門の交易条件の改善が期待される。そのためには大規模化と組織化のいずれかによる伝統農業の近代化が前提条件となる。様々なインフォーマル・フォーマルな制度の下にある中国農村では、農業を発展させるには集積コストと交渉コストのいずれかを下げる必要がある。自由な市場環境には集積コストを下げる効果があるが、交渉コストに対する効果はない。規模拡大による労働生産性の向上を図ることができない地域にとって、如何にして交渉コストを下げるかは伝統農業から近代農業に移行する鍵となる。この考えは本書における基本的な主張である。

以上のことを念頭に置き、研究の枠組みを構築する際、本書は二重経済論、新古典派経済学、及び新制度派理論を踏まえて、理論志向の比較研究に、文脈重視の地域研究を組み合わせた研究方法を取り入れた。方法論については、スコチポルの比較史分析と重冨の比較地域研究の手法を参考にした。

対象地域の選択にあたって、気候や地形といった自然条件と歴史・政治・経済といった社会的条件の類似性、すなわち背景としての一般性に注目して、類似する４つの地域を選んだ。M市に対する調査は三権分置が導入される前に行ったものであり、それによって市場原理に基づく効率性を求めれば、生産性の低い農業が衰退し、産業技能を有しない農民が貧困に晒されることが明らかとなった（第6章）。この結果を踏まえて、他の3つの地域の目標インパクトへの異なる対応、すなわち、地域における異なる取り組みの展開に注目した。本書が考える目標インパクトとは、共通する上記の諸条件を背景に、三権分置の展開と三農問題及び食料安全保障問題の解決という農業政策の実施である。そして、比較地域研究の手法によって、3つの対象地域（第7章・第8章・第9章）の異なる取り組みを比較検討し、次の結果が得られた。

第3章では、フォーマルな制度は慣習や行動規範等の広義の制度に合うように設定されなければ機能しないことを指摘した。この観点に基づいて考えると、S県は高い交渉コストを避けることに成功し、橋村は交渉コストを下げることに成功したことで、これらの取り組みは社会的・文化的規範と適合するといえよう。しかし、S県のように補助金等の大規模化に有利な制度を導入して、集積コストを下げながら大規模経営を推進する取り組みは、地形や人口、そして耕地面積等の条件を無視したものであり、大規模化を図れない小規模農家が「排除」され、農民の階層分化が進みつつある（第7章）。また、橋村のような組織の形成と強化はリーダー個人の管理能力に強く依存する。その結果、強いリーダーの管理によって短期間で著しい経済成長を実現することが可能ではあるが、中国社会の行動原理の影響を受けるリーダーによる独裁的な支配と公的資源の収奪を招く可能性が高い（第8章）。

これらの事例に対して、羊村はリーダー個人の才能に頼らず、合理的な経営システムの設計を踏まえた「ルールに基づく支配」を展開した。この生産の効率性と分配の公平性を同時に達成し、結果的な平等性も高まる取り組みは社会的・文化的規範と適合するものといえよう（第9章）。

社会主義経済から改革開放政策への転換、そして社会主義市場経済の導入など、中国社会の激しい変化に伴い、現行の制度に同調する者、目標重視と手段軽視の革新者、既存の社会構造から逸脱して新たな目標や規範を築こうとする反抗者など、様々なタイプのリーダーが誕生している。交渉コストが高い社会環境のなかで、非協力的な農民をどのようにして動員するのかをめぐって、地域の取り組みはリーダーのタイプに左右される可能性が考えられる。ロバート・マートン（1961）が提示した社会構造のなかで異なる地位を占める個人が文化的価値に適応する類型に基づいて、調査で観察したリーダーのタイプは次の通りとなる。S県のリーダーは積極的に現行の制度に同調し、それを推進するタイプである。このタイプのリーダーは文化的規範と制度的規範の両方を支持し、制度の有効性を強調し、制度による弊害を看過する傾向がある。橋村の村長は手段軽視の革新者である。このタイプのリーダーは文化的規範に従い、制度的規範を軽視する傾向がある。村の発展という自らの目標の達成に固執するため、権力に対する執着心が強くなり、独裁的になる。羊村の村長は反抗者タイプである。このタイプのリーダーは、既存の文化的規範と制度的規範とは異なる別種の規範を求める傾向がある。反抗といっても、拒否するだけではなく、他の地域のリーダーが追求した「経済発展」という制度的目標とは異なる「福祉社会」の目標を立てた。また、非協力的な文化的規範を克服するため、人民公社やS県、そして橋村とも異なる共有経済という新たな制度を取り入れた。以上のことから、地域によって異なる発展方向は、異なるタイプのリーダーによる取り組みの結果であるともいえよう。

伝統農業の発展経路について、第Ⅱ部・冒頭の図Ⅱで示した内容に即して考えると、農業地域は大規模化に向かうタイプ2の農業企業型（例えば、S県）と、組織化に向かうタイプ8の村営合作社型（例えば、橋村と羊村）を選択することができる。さらに、橋村と羊村の事例によれば、タイプ8の村営合作社型はリーダー個人の能力に依存するタイプと農業組織のルールに従うタイプに分かれることが明らかである。

図Ⅱの大規模化と組織化の関係に管理・交渉コストの視点を加えると図Ⅲのようになる。リーダーによる管理コストは農民同士の交渉コストとの間に代替関係があるため、交渉コストの高い地域ではリーダーによる強力な管理を実現すれば、組織化が実現できる。そして、労働集約的な経営方式を構築することが可能となり、協働関係に基づいて生産コストの削減と農業生産の高付加価値化が図れる。しかし、地方政府を含めて全体的な自治能力の不足により、リーダーが説明責任を果たしているかどうかをチェックする体制などのアカウンタビリティ制度が弱く、住民の声を反映させる仕組みが弱く、リーダーによるレントシーキングや支配・収奪が発生しやすい。このシステムはいわゆる開発独裁と同じもので、長期にわたり開発の恩恵が一部の人に

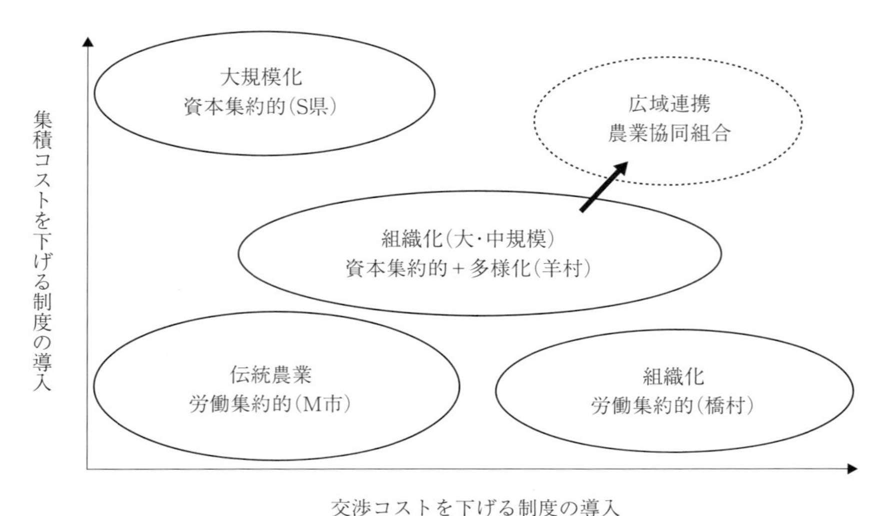


図Ⅲ　中国中南部・事例村における農業近代化の多様な経路
（出所）筆者作成

独占されることによってリーダーはいずれ支配の正当性を失い、地域内の民主化要求による反発を受けるようになる。中国農村地域の長期にわたる持続可能な発展には、リーダーの才能を自由に発揮させると同時にリーダーの私的役割を制限する法制度の構築も必要である。

リーダーの説明責任やチェック体制の問題を除いても、橋村の展開方式は様々な問題を抱えており、その発展の持続性と他の地域での再現可能性が問われる。まず、リーダー個人の才能に強く依存するため、他の地域でその効果を再現するには人材の育成と登用が求められる。また、橋村農民の所得向上の最大の理由は農業の多様化及び、高付加価値生産と農村観光である。高付加価値化は主に橋村のような生産環境の改善によるものであり、本格的な農業技術の向上によるものではない。農業技術の向上には研究機関の参入や多くの生産者による広い範囲の連携が必要となり、村だけで完結するものではない。さらに、農村観光に関して、都市部の消費者のニーズや消費能力に影響されるため、都市までの距離が遠く、歴史的価値や文化的特徴を持たない、つまり、他の地域でも簡単に複製できる農業・農村体験型観光にとどまる限り、潜在的なニーズが十分見込めるかどうかは疑問視される。さらに、橋村のようなトップダウン型の排他的な運営方法による限り、他の地域との連携が図りにくいことも予想される。

他方、物権化した請負権の下で土地を共有化する組織経営は明確な共有範囲を持ち、生産財の投入の量的計算が容易である。特に労働力の投入に関して、交渉コストの高い協働の代わりに、技能や労働時間等に応じて明確に対価を支払う賃労働の方式を採用することが可能となる。その結果、独立した経営を行う合作社は地域社会における高い交渉コストによる影響を受けず、資本と土地の統合によって生産コストを大幅に下げ、効率的な生産を実現する。三権分置の実施は、第９章の羊村の事例において、上記のような共有経済の創出に基づく管理・交渉コストの低い経営システムの展開を可能にした。この取り組みにより、羊村は第８章の橋村と比べ、労働能力を有する農民の所得向上だけでなく、労働能力を有しない者への貧困削減に対しても効果を発揮できることが確認された。

図Ⅲに示す通り、リーダー個人のビジネス能力に頼らず、交渉コストが低く、他の地域にも再現可能であるといえる羊村のようなシステムは、広域連携型の農業協同組合に発展する可能性を持つ。このタイプの農業経営の展開は規模の経済の効果が期待できるだけでなく、地域間の連携による農業気象的リスクの分散も図れる。さらに、他の産業に比べて競争力の弱い農業、経済的にも政治的にも弱い立場にある農民にとって、広範囲にわたる連携は、彼らの自治能力の向上とそれに伴う経済的・政治的・社会的地位の向上にもつながる。

三農問題を解決するには、多岐にわたる制度的改善とそれに基づく具体的な対策の展開が求められる。こうした課題に取り組むにあたり、本書は、土地と生産物に対する権利の保障、都市住民と同じ社会権の確保、そして合理的な生産システムの構築が必要であることを主張する。2013年以降、三権分置の土地所有制度が打ち出され、農業経営の多様化が実現された。また、政策の転換への反応として共有経済が創出され、政策の策定時に想定されていなかった効果がもたらされた場合もみられるようになっている。しかし、三農問題の本格的な解決と農村地域の持続可能な発展のためには、中国社会における「差序格局」的なあり方の負の側面から脱却して、平等・法治・権利・責任・義務の確立と普及こそ最も重要な制度的要因として求められる。

最後に、本書の課題について述べておきたい。1つ目は、交渉コストの計測に関するものである。第3章では木村の分析方法について、記述の分類、抽象化、概念化が不十分なことや組織の維持に必要な交渉コストについて計測できていないことを指摘した。これに対して、本書は村民の会議に立ち合い、戸別訪問等の方法を試みたものの、有効な計測方法を案出するには至らなかった。今後の研究では信頼関係の欠如を如何にして計測するかを含めて、組織維持に必要なコストを数値化する方法を検討していく必要がある。

2つ目は、調査対象地域の選定に関することである。本書は自然環境、文化的・歴史的背景、農業条件、産業構造といった条件面について可能な限り類似性の高い地域を選んだが、調査に際して協力者の人数や受け入れ体制による制限があったため、特に交通の利便性のような立地条件については選択肢が少なく、その結果、比較対象地域の妥当性に対する検討は必ずしも十分とはいえない。さらに、中国で行う調査の共通課題ともいえるが、調査に対する地方政府や村の幹部による監視が厳しく、ネガティブな評価につながりうる情報についての質問は特に警戒される。この状況は上記1つ目の問題にも関連しており、特に外部の調査者にとって、問題の核心に近づくための情報収集を困難とするものである。以上の課題について、今後の調査のなかでさらに試行を重ね、改善を図っていくべきであろう。

# 参考文献

## 〈日本語〉

青柳斉、1999、「地域農業の組織と管理：第２節組織論的接近」地域農林経済学会編『地域農林経済研究の課題と方法』富民協会、212-218頁.

飯島渉・澤田ゆかり、2010、『高まる生活リスク：社会保障と医療』岩波書店.

池上甲一、2009、「地域の豊かさと地域キャピタルを問うことの意味」『農林業問題研究』第44巻第４号、３-９頁.

池上彰英・寳劔久俊、2009、『中国農村改革と農業産業化』アジア経済研究所.

石川滋、1990、『開発経済学の基本問題』岩波書店.

石川滋、2004、「中国経済研究者として」『アジア研究』第50巻第１号、５-18頁.

石田正昭・木南章、1987、「稲作をめぐる組織と市場」『農業経済研究』第59巻第３号、137-145頁.

磯谷明徳、1994、「現代制度主義経済学ノート：新制度派、現代制度派、レギュラシオン」『経済学研究（九州大学経済学会）』第59巻第５・６号、287-300頁.

岩田正美、2010、『リーディングス日本の社会福祉２：貧困と社会福祉』日本図書センター.

ウィリアムソン, O.E.、1989、『エコノミックオーガニゼーション：取引コストパラダイムの展開』（井上薫・中田善啓訳、原著 Economic organization: firms, markets and policy control は1986年発行）晃洋書房.

ウィットフォーゲル, K.A.、1961、『東洋的専制主義：全体主義権力の比較研究』（アジア経済研究所訳、原著 Oriental Despotism: A Comparative Study of Total Power は1957年発行）論争社.

ヴェーバー, M.、1972、『社会学の根本概念』（清水幾太郎訳、原著 Soziologische Grundbegriffe は1922年発表）岩波書店.

氏原正治郎・江口英一、1956、「都市における貧困層の分布と形成に関する一資料－1」『社会科学研究』第8巻第1号、62-150頁.

エスピン・アンデルセン, G.、2000、『ポスト工業経済の社会的基礎：市場・福祉国家・家族の政治経済学』（渡辺雅男・渡辺景子訳、原著 Social Foundations of Postindustrial Economies は1999年発行）桜井書店.

エスピン・アンデルセン, G.、2001、『福祉資本主義の三つの世界』（宮本太郎・岡沢憲芙訳、原著 The Three Worlds of Welfare Capitalism は1990年発行）ミネルヴァ書房.

絵所秀紀、1997、『開発の政治経済学』日本評論社.

王文亮、2008、『現代中国の社会と福祉』ミネルヴァ書房.

王文亮、2010、『現代中国社会保障事典』集広舎.

王文亮・掲継斌・羅衛国、2003、「中国農村部の五保戸扶養制度に関する考察」『九州看護福祉大学紀要』第5巻第1号、93-105頁.

大泉啓一郎、2006、「東アジアの少子高齢化と持続的経済発展の課題：中国とタイを対象に」『アジア研究』第52巻第2号、66-78頁.

大島一二、2011、「三農問題の深化と農村の新たな担い手の形成」佐々木智弘編『中国「調和社会」構築の現段階』アジア経済研究所、77-110頁.

大島一二、2013、「中国における三農問題の深化と農民専業合作社の展開」神田健策・大島一二編『中国農業の市場化と農村合作社の展開』筑波書房、11-24頁.

大島一二、2016、「中国における農業改革と大規模農業経営の育成：土地制度と生産組織の改革を中心に」『中国21』第44号、47-62頁.

大塚啓二郎、2003、「東アジアの食糧・農業問題」内閣府経済社会総合研究所、2020年11月3日 www.esri.go.jp/jp/tie/ea/ea2.pdf よりダウンロード.

大塚啓二郎、2006、「中国農村の労働者は枯渇：『転換点』すでに通過」『日本経済新聞』、10月9日.

小田美佐子、2004、「中国における農村土地請負経営権の新たな展開：『農村土地請負法』制定を手がかりに」『立命館法学』第298号、77-108頁.

大野晃、2008、「現代山村の現状分析と地域再生の課題：限界自治体の現状を中心に」『村落社会研究ジャーナル』第14巻第2号、1-12頁.
木内信蔵、1968、『地域概論：その理論と応用』東京大学出版会.
木村伸男、1993、「地域営農集団の経済的分析：地域営農集団の経済的効果と組織化コスト」和田照男編著『現代の農業経営と地域農業』養賢堂、118-146頁.
金湛、2019、「中国山間地域における労働力の流出と農業経営への影響：湖北省麻城市の事例」『ICCS 現代中国学ジャーナル』第12巻第2号、1-15頁.
金湛、2021、「所有、組織、規模：“三権分置”政策に対する考察」『ICCS 現代中国学ジャーナル』第13巻第2号、1-13頁.
金湛、2023、「三農問題への対策をめぐる開発経済学の理論と中国の現実」『東亜』第673号、74-81頁.
金湛、2023、「農村社会の行動原理とリーダーの役割：中国湖南省橋村の事例」『アジア研究』第69巻第4号、1-18頁.
金湛・謝新梅、2020、「中国における農地流動化の推進と農家経営への影響：湖南省S県の事例」『中国21』第53号、209-228頁.
金湛・謝新梅、2021、「中国の農村社会における共有経済の創出と地域福祉：湖南省羊村の取り組み」『中国21』第55号、131-150頁.
グッドマン, R.・ペング, I.、2003、「東アジア福祉国家：逍遥的学習、適応性のある変化、国家建設」エスピン・アンデルセン, G. 編『転換期の福祉国家：グローバル経済下の適応戦略』（埋橋孝文監訳、原著 Welfare States in Transition: National Adaptations in Global Economies は1996年発行）早稲田大学出版部、225-274頁.
厳善平、2008、「中国経済はルイスの転換点を超えたか」『東亜』第498号、30-42頁.
斎藤仁、1989、『農業問題の展開と自治村落』日本経済評論社.
佐藤仁、2016、『野蛮から生存の開発論：越境する援助のデザイン』ミネルヴァ書房.
佐藤宏、2003、『現代中国経済：7所得格差と貧困』名古屋大学出版会.

沢辺恵外雄・木下幸孝、1979、『地域複合農業の構造と展開』農林統計協会.
重田徳、1975、『清代社会経済史研究』岩波書店.
重冨真一、2005、「制度変革と社会運動：理論的枠組みと途上国研究の課題」『アジア経済研究所調査研究課題報告書』アジア経済研究所.
重冨真一、2012、「比較地域研究試論」『アジア経済』第53巻第4号、23-33頁.
徐小青、2013、「中国の農業経営体制の新たな変化」『農林金融』第66巻第2号、22-36頁.
新川敏光、2011、『福祉レジームの収斂と分岐：脱商品化と脱家族化の多様性』ミネルヴァ書房.
末廣昭、2006、「東アジア福祉システムの展望：論点の整理」『アジア研究』第52巻第2号、113-124頁.
スコチポル, T.、1995、『歴史社会学の構想と戦略』（小田中直樹訳、原著 Vision and Method in Historical Sociology は1984年発行）木鐸社.
世界銀行著、白鳥正喜監訳、1994、『東アジアの奇跡：経済成長と政府の役割』東洋経済新報社.
孫立・城所哲夫・大西隆、2009、「中国の都市における『城中村』現象に関する一考察」『都市計画報告集』第8号、9-12頁.
高橋五郎、2008、『中国経済の構造転換と農業』日本経済評論社.
高橋五郎、2020、『中国土地私有化論の研究：クライシスを超えて』日本評論社.
滝田豪、2009、「『村民自治』の衰退と『住民組織』のゆくえ」黒田由彦・南裕子編『中国における住民組織の再編と自治への模索：地域自治の存立基盤』明石書店、192-224頁.
武内進一、2012、「地域研究とディシプリン：アフリカ研究の立場から」『アジア経済』第53巻第4号、6-22頁.
武川正吾、2008、「地域福祉の主流化とローカル・ガバナンス」『地域福祉研究』第36号、5-15頁.
田島俊雄、2008、「無制限労働供給とルイス的転換点」『中国研究月報』第62巻第2号、1-13頁.

田原史起、1999、『現代中国研究叢書36 現代中国農村における権力と支配』アジア政経学会.
田原史起、2001、「村落自治の構造分析」『中国研究月報』第639号、1-23頁.
田原史起、2006、「中国農村政治の構図：農村リーダーからみた中央、地方、農民」『現代中国研究』第19号、3-17頁.
田原史起、2009、「農業産業化と農村リーダー：農民専業合作社成立の社会的文脈」池上彰英・寳劔久俊編『中国農村改革と農業産業化』アジア経済研究所、233-262頁.
田原史起、2018a、「『資源』としての人民公社時代：中国西北農村のガバナンス論序説」『村落社会研究ジャーナル』第24巻第2号、1-13頁.
田原史起、2018b、「弱者の抵抗を超えて：中国農民の『譲らない』理由」『アジア経済』第59巻第3号、2-31頁.
田原史起、2019、『草の根の中国：村落ガバナンスと資源循環』東京大学出版会.
張継元、2020、『中国農村部における地域福祉の可能性：未富先老社会と福祉ミックス』ミネルヴァ書房.
張宏傑、2016、『中国国民性の歴史的変遷：専制主義と名誉意識』集広舎.
張建、2015、「中国の貧困削減（扶貧）政策に関する一考察」『AIBSジャーナル』第9巻、58-65頁.
翟学偉著、朱安新・小嶋華津子編訳、2019、『現代中国の社会と行動原理：関係・面子・権力』岩波書店.
デュルケム, E.、1989、『社会分業論』（井伊玄太郎訳、原著 The Division of Labor in Society は1893年発行）講談社.
テンニエス, F.、1957、『ゲマインシャフトとゲゼルシャフト：純粋社会学の基本概念』（杉之原寿一訳、原著 Gemeinschaft und Gesellschafe: Grundbergrille der Reinen Soziologie は 1887年発行）岩波書店.
ドガン, M.・ペラッシー, D.、1983、『比較政治社会学：いかに諸国を比較するか』（櫻井陽二訳、原著 Sociologie politique comparative: problèmes et perspectives は 1982年発行）芦書房.
鳥越皓之、1985、『家と村の社会学』世界思想社.

中兼和津次、2007、「『三農問題』を考える」『中国21』第26号、27-46頁.
永田恵十郎、1993、「地域農業の現局面と集落営農の新動向」『土地と農業』第23号、77-108頁.
長濱健一郎、2007、「集団的土地利用」日本村落研究学会編『むらの資源を研究する』農山漁村文化協会、26-33頁.
ノース, D.C.、1994、『制度・制度変化・経済成果』（竹下公視訳、原著 Institutions, Institutional Change and Economic Performance は1990年発行）晃洋書房.
農林水産省、2019、「農林水産省基本データ集」、2020年2月3日、https://www.maff.go.jp/j/tokei/sihyo/ よりダウンロード.
野口定久、2011、「東アジア諸国の福祉社会開発と地域コミュニティ再生：地域福祉と居住福祉の視点から」岩田正美監修、野口定久・平野隆之編著『リーディングス日本の社会福祉6：地域福祉』日本図書センター、345-366頁.
濱英彦・山口喜一、1997、『地域人口分析の基礎』古今書院.
原洋之介、1995、「経済発展の地域性」『重点領域研究総合的地域研究成果報告書シリーズ：総合的地域研究の手法確立：世界と地域の共存のパラダイム を求めて』第6講、120-157頁.
原洋之介、2000、『地域発展の固有論理』京都大学学術出版会.
原田忠直、2020、「中国における農地の『集団所有』と『包』についての一考察」『日本福祉大学経済論集』第60号、21-42頁.
ピータース, B. G.、2007、『新制度論』（土屋光芳訳、原著 Institutional Theory in Political Science: The New Institutionalism は1999年発行）芦書房.
馮文猛、2008、「中国農村における人口流出による家族及び村落への影響：2005年四川省の実証調査から」『村落社会研究ジャーナル』第29巻、25-36頁
馮文猛、2009、『中国の人口移動と社会的現実』東信堂.
福岡正夫、2000、『ゼミナール経済学入門（第3版）』日本経済新聞社.
福留和彦、2008、「アーサー・ルイスの二重経済論」『社会科学雑誌』創刊号、31-57頁.

寶劔久俊、2011、「中国における農地流動化の進展と農業経営への影響：浙江省奉化市の事例を中心に」『中国経済研究』第８巻第１号、４-20頁.

寶劔久俊・佐藤宏、2016、「中国農民専業合作社の経済効果の実証分析」『経済研究』第67巻第１号、１-16頁.

星野貞一郎、1989、「過疎地域における老人問題」『季刊・社会保障研究』第25巻第３号、244-262頁.

ポラニー, K.、1975、『大転換：市場社会の形成と崩壊』（吉沢英成・野口建彦・長尾史郎・杉村芳美訳、原著 The Great Transformation: The Political and Economic Origins of Our Time は1944年発行）東洋経済新報社.

マートン, K.R.、1961、『社会理論と社会構造』（森東吾・森好夫・金沢実・中島竜太郎訳、原著 Socail Theory And Social Structure は1949年発行）みすず書房.

丸川知雄、2021、『現代中国経済（新版）』有斐閣アルマ.

南裕子、1999、「中国農村における「村民代表会議」の設立と村の意思決定過程：河北省香河県一村落を事例として」『村落社会研究』第６巻第１号、８-18頁.

南亮進、1970、『日本経済の転換点：労働の過剰から不足へ』創文社.

南亮進・馬欣欣、2009、「中国経済の転換点：日本との比較」『アジア経済』第50巻第12号、２-20頁.

宮本太郎・ペング, I.・埋橋孝文、2003、「日本型福祉国家の位置と動態」エスピン・アンデルセン, G. 編『転換期の福祉国家：グローバル経済下の適応戦略』（埋橋孝文監訳、原著 Welfare States in Transition: National Adaptations in Global Economies は1996年発行）早稲田大学出版部、295-336頁.

山田七絵、2020、『現代中国の農村発展と資源管理：村による集団所有と経営』東京大学出版会.

リフキン, J.、2015、『限界費用ゼロ社会』（柴田裕之訳、原著 The Zero Marginal Cost Society は2014年発行）NHK 出版.

梁漱溟、2000、『郷村建設理論』（アジア問題研究会編、池田篤紀・長谷部茂訳、原著は1937年発行）農山漁村文化協会.

若林敬子、2009、『日本の人口問題と社会的現実』東京農工大学出版会.
和田照男、1988、「集落営農と農地流動化」『土地と農業』第18号、39-48頁.
渡辺利夫、2006、「開発経済学の新地平：東アジア人口動態の分析から」『アジア研究』第52巻第2号、48-50頁.

## 〈英語〉

Ash, Robert F., 2009, "The Agricultural Sector in China: Performance and Policy Dilemmas During the 1990s" *The China Quarterly,* Vol.131, Published online by Cambridge University Press, pp.545-576.

Brady, Henry E. and Collier, David, 2004, *Rethinking Social Inquiry: Diverse Tools, Shared Standards,* Lanham: Rowman & Littlefield Publishers

Dorward, Andrew; Kydd, Jonathan; Poulton, Colin, 1998, *Smallholder Cash Crop Production Under Market Liberalization: A New Institutional Economics Perspective,* Oxford: CAB International.

Hardin, Garrett, 1968, "The Tragedy of the Commons", *Science,* Vol.162, Issue 3859, pp.1243-1248.

Huang, Jikun; Otsuka, Keijiro; Rozelle, Scott, 2008, "Agriculture in China's Development: Past Disappointments, Recent Successes, and Future Challenges", Brandt, Loren; Rawski, Thomas G., (ed.), *China's Great Economic Transformation,* Cambridge: Cambridge University Press, pp.467-505.

Kawagoe, Toshihiko; Ohkama, Kunio; Bagyo, Al Sri, 1992, "Collective Actions, and Rural Organization in a Peasant Economy in Indonesia", *The Developing Economies,* Vol.30, Issue 3, pp.215-235.

Kildal, Nanna, 1999, "Justification of workfare: the Norwegian Case", *Critical Social Policy,* Vol.19, Issue 3, pp.353-370.

King, Desmond, 1995, *Actively Seeking Work: The Politics of Unemployment and Welfare Policy in the United States and Great Britain,* Chicago: University of Chicago Press.

King, Gary; Keohane, Robert O.; Verba, Sidney, 1994, *Designing Social Inquiry: Scientific Inference in Qualitative Research,* New Jersey: Princeton University Press.

Krugman, Paul R., 1979, "Increasing Returns, Monopolistic Competition, and International Trade", *Journal of International Economics,* Vol.9, Issue 4, pp. 469-479.

Kydd, Jonathan, 2002, "Agriculture and Rural Livelihoods: Is Globalisation Opening or Blocking Paths out of Rural Poverty?", *ODi, Agricultural Research and Extension Netwoek Paper,* No.121.

Kydd, Jonathan; Dorward, Andrew, 2001, "The Washington Consensus on Poor Country Agriculture: Analysis, Prescription and Institutional Gaps", *Development Policy Review,* Vol 19, Issue 4, pp. 467-478.

Little, Deborah L., 1999, "Independent Workers, Dependable Mothers: Discourse, Resistance, and AFDC Workfare Programs", *Social Politics: International Studies in Gender, State & Society,* Vol. 6, Issue 2, 161-202.

Leblebici, Huseyin; Salancik, Gerald R.; Copay, Anne; King, Tom, 1991, "Institutional Change and the Transformation of Interorganizational Fields: An Organizational History of the U.S. Radio Broadcasting Industry", *Administrative Science Quarterly,* Vol.36, Issue 3, pp.333-363.

Lewis, W. Arthur, 1954, "Economic Development with Unlimited Supplies of Labour", *The Manchester School,* Vol.22, Issue 2, pp.139-169.

Lewis, W. Arthur, 1958, "Unlimited Labour : Further Notes", *The Manchester School,* Vol.26, Issue 1, pp.1-32.

Lewis, W. Arthur, 1979, "The Dual Economy Revisited", *The Manchester School,* Vol.47, Issue3, pp.211-229.

Ma, Wenqiu; Jiang, Guanghui; Zhang, Ruijuan; Li, Yuling; Jiang, Xiaoguang, 2018, "Achieving Rural Spatial Restructuring in China: A Suitable Framework to Understand how Structural Transitions in Rural

Residential land Differ Across Peri-urban Interface?", *Land Use Policy,* Vol. 75, pp. 583-593.

Marshall, Thomas Humphrey, 1950, *Citizenship and Social Class: and Other Essays,* New York: Cambridge University Press.

Meyer, John W.; Brian, Rowan, 1977, "Institutionalized Organizations: Formal Structure as Myth and Ceremony", *American Journal of Sociology,* Vol.83, Issue 2, pp.340-363.

Nonaka, Ikujiro; Takeuchi, Hirotaka, 1995, *The Knowledge-Creating Company: How Japanese Companies Create the Dynamics of Innovation,* Boston: Oxford University Press.

Norris, Fran H.; Stevens, Susan P.; Pfefferbaum, Betty; Wyche, Karen F.; Pfefferbaum, Rose L., 2008, "Community Resilience as a Metaphor, Theory, Set of Capacities, and Strategy for Disaster Readiness", *American Journal of Community Psychology,* Vol. 41, Issue 1-2, pp. 127-150.

North, Douglass C., 1993, "Institutional change: A framework of analysis", S. Sjoestrand (ed.), *Institutional Change: Theory and Empirical Findings,* New York and London: M.E. Sharpe, pp.35-46.

Ostrom, Elinor, 1990, *Governing the Commons: The Evolution of Institutions for Collective Action,* Cambridge: Cambridge University Press.

Oya, Carlos, 2011, "Agriculture in the World Bank: Blighted Harvest Persists", Bayliss, Kate and Fine, Ben and Van Waeyenberge, Elisa, (ed.), *The Political Economy of Development: The World Bank, Neoliberalism and Development Research,* London: Pluto Press, pp. 146-187.

Platteau, Jean-Philippe; Hayami, Yujiro; Dasgupta, Partha, 1998, "Resource Endowments and Agricultural Development: Africa versus Asia", Hayami, Yujiro and Aoki, Masahiko (ed.), *The Institutional Foundations of East Asian Economic Development,* London: Palgrave

Macmillan, pp.357-412.

Polanyi, Michael, 1966, *The Tacit Dimension,* Chicago: University of Chicago Press.

Potter, Robert B., 2008, "The nature of development and development studies", Desai, Vandana and Potter, Robert B. (ed.), *The Companion to Development Studies,* London and New York: Routledge, pp.1-64.

Ranis, Gustav; Fei, John C.H., 1961, "A Theory of Economic Development", *American Economic Review,* Vol.51, Issue 4, pp.533-565.

Ranis, Gustav; Fei, John C.H., 1964, *Development of the Labour Surplus,* Homewood, Illinois: Richard D. Irwin for the Economic Growth Center, Yale University.

Simon, Herbert A., 1997, *Administrative Behavior Fourth Edition,* New York: Free Press.

Sumner, Andy and Tribe, Michael, 2008, *International Development Studies: Theories and Methods in Research and Practice,* Los Angeles, London, New Delhi and Singapore: SAGE Publications.

United Nations, 2019, *World Population Prospects 2019, Volume* Ⅰ *: Comprehensive Tables,* Department of Economic and Social Affairs Population Division, United Nations, New York.

World Bank, 2008, *World Development Report 2008: Agriculture for Development,* The International Bank for Reconstruction and Development, The World Bank, Washington D.C. .

Wang, Zheng; Zhang, Fangzhu; Wu, Fulong, 2017, "Social Trust Between Rural Migrants and Urban Locals in China: Exploring the Effects of Residential Diversity and Neighborhood Deprivation", *Population, Space and place,* Vol. 23, Issue 1, pp. 1 -15.

Williamson, Oliver E., 2002, "The Theory of the Firm as Governance Structure: From Choice to Contract", *The Journal of Economic Perspectives,* Vol. 16, Issue 3, pp. 171-195.

Yuan, Jingjing; Lu, Yonglong; Ferrier, Robert C.; Liu, Zhaoyang; Su,

Hongqiao; Meng, Jing; Song, Shuai; Jenkins, Alan, 2018, "Urbanization, rural development and environmental health in China", *Environmental Development,* Vol. 28, pp. 101-110.

## 〈中国語〉

蔡昉、2007、『中国人口与労動問題報告 No.8：劉易斯転折点及其政策挑戦』社会科学文献出版社.

蔡昉、2018、「農業労働力転移潜力耗尽了嗎」『中国農村経済』2018年第９期、２-13頁.

曹錦清、2000、『黄河辺的中国：一個学者対郷村社会的観察与思考』上海文芸出版社.

陳顧遠、1964、『中国法制史概要』三民書局.

陳家喜・劉王裔、2012、「我国農村空心化的生成形態与治理路径」『中州学刊』2012年第５期、103-106頁.

陳其芳・曽福生、2016、「中国農村養老模式的演変与発展趨勢」『湘潭大学学報』第40期第４号、82-86頁.

崔衛国・李裕瑞・劉彦随、2011、「中国重点農区農村空心化的特徴、機制与調控：以河南省鄲城県為例」『資源科学』第33巻第11号、2014-2021頁.

党国英・呉文媛、2016、『城郷一体化発展要義』浙江大学出版社.

第一財経、2013、「官員晋昇路線図」『第一財経日報』(2013年７月２日)、2022年10月11日、https://www.yicai.com/news/2825248.html よりダウンロード.

杜鷹、2018、「小農生産与農業現代化」『中国農村経済』2018年第10期、２-６頁.

費孝通、2012、『郷土中国』(原著は1948年発行) 北京大学出版社.

費孝通・呉晗、2015、『皇権与紳権』(原著は1948年発行) 華東師範大学出版社.

龔麗蘭・鄭永君、2019、「培育"新郷賢"：郷村振興内生主体基礎的構建機制」『中国農村観察』2019年第６期、69-85頁.

桂華、2016、「従経営制度向財産制度異化：集体農地制度改革的回顧、反思与展望」『政治経済学評論』2016年第5期、126-142頁.
黄宗智、2017、「中国農業発展三大模式：行政、放任与合作的利与弊」『開放時代』2017年第1期、127-153頁.
黄少安・郭冬梅・呉江、2019、「種糧直接補貼政策効応評估」『中国農村経済』2019年第1期、17-31頁.
賀雪峰、2011、「論富人治村：以浙江奉化調査為討論基礎」『社会科学研究』2011年第2期、111-119頁.
胡鞍鋼、1999、『中国発展前景』浙江人民出版社.
胡鞍鋼・胡聯合、2005、『転型与穏定』人民出版社.
胡新艶・陳小知・米運生、2018、「農地整合確権政策対農業規模経営発展的影響評估：来自自然実験的証据」『中国農村経済』2018年第12期、83-102頁.
姜紹静・羅泮、2014、「空心村問題研究進展与成果総述」『中国人口・資源与環境』第24巻第6期、51-58頁.
郎咸平、2011、『中国式MBO：国企改革為什麼迷失』東方出版社.
郎咸平、2015、『郎咸平説：中国経済的旧制度与新常態』東方出版社.
李建興、2015、「郷村変革与郷賢治理的回帰」『浙江社会科学』2015年第7期、82-87頁.
厲以寧、2012、「論中等収入陥穽」『経済学動態』第12巻、4-6頁.
厲以寧、2018、『改革開放以来的中国経済：1978-2018』中国大百科全書出版社.
李雲・黄元全、2016、「城鎮化背景下我国農村養老保障的路径探求：以四川省閬中市柏埡鎮Y村為個案分析」『雲南農業大学学報』第10巻第6期、1-4頁.
李雲新・王暁璇、2015、「資本下郷中利益衝突的類型及発生機理研究」『中州学刊』2015年第10期、43-48頁.
李雲新・王暁璇、2017、「農民専業合作社行為扭曲現象及解釈」『農業経済問題』2017年第4期、14-22頁.
林文声・王志剛・王美陽、2018、「農地確権、要素配置与農業生産効率：基于中国労働力動態調査的実証分析」『中国農村経済』2018年第8期、

64-82頁.
林毅夫、1992、『制度、技術与中国農業発展』上海三聯書店.
劉同山、2018、「農地流転不暢対糧食産量有何影響：以黄淮海農区小麦生産為例」『中国農村経済』2018年第12期、103-116頁.
劉彦随・劉玉、2010、「中国農村空心化問題研究的進展和展望」『地理研究』第29巻第1期、35-42頁.
劉彦随・劉玉・翟栄新、2009、「中国農村空心化的地理学研究与整治実践」『地理学報』第64巻第10期、1193-1202頁.
劉彦隋・龍花楼・陳王福・王介勇、2011、『中国郷村発展報告：農村空心化及其整治策略』科学出版社.
龍花楼・李裕瑞・劉彦随、2009、「中国空心化村荘演化特徴及其動力機制」『地理学報』第64巻第10期、1203-1213頁.
羅楚亮、2018、「中国農村的致貧因子分析」李実等著『21世紀中国農村貧困特徴与反貧困戦略』経済科学出版社、257-274頁.
馬戎、2007、「差序格局：中国伝統社会結構和中国人行為的解読」『北京大学学報』第44巻第2期、131-142頁.
阮文彪、2019、「小農戸和現代農業発展有機銜接：経験証据、突出矛盾与経路選択」『中国農村観察』2019年第1期、15-32頁.
孫梟雄・仝志輝、2020、「村社共同体的式微与重塑—以浙江象山“村民説事”為例」『中国農村観察』2020年第1期、113-134頁.
王雪輝・彭聡、2020、「我国老年人口群体特徴的変動趨勢研究」『人口与社会』第36巻第4号、29-45頁.
温鉄軍、1996、「制約“三農問題”的両個基本矛盾」『経済研究参考』1996年第D5期、17-23頁.
呉敬璉、1999、『当代中国経済改革：戦略与実施』上海遠東出版社.
呉思、2001、「中国農民何以不善合：評『黄河辺的中国』的両個観点」、2019年5月10日 bbs.tianya.cn/post-develop-94280-1.shtml よりダウンロード.
徐旭初・呉彬、2018、「合作社是小農戸和現代農業発展有機銜接的理想載体嗎」『中国農村経済』2018年第11期、80-95頁.
徐勇、2012、「東方自由主義伝統的発掘：兼評西方話語体系中的東方専制主義」『学術月刊』2012年第4期、5-18頁.

徐勇・趙徳健、2014、「找回自治：対村民自治有効実現形式的探索」『華中師範大学学報（人文社会科学版）』2014年第4期、1-8頁.

葉敬忠・豆書龍・張明皓、2018、「小農戸和現代農業発展：如何有機銜接」『中国農村経済』2018年第11期、64-79頁.

于建嶸、2001、『岳村政治：転型期中国郷村政治結構的変遷』北京商務印書館.

翟学偉、2009、「再論差序格局的貢献、局限与理論遺産」『中国社会科学』2009年第3期、152-158頁.

張維迎、2018、『中国改革30年：10位経済学家的思考』上海人民出版社.

張展新、2008、「最低生活保障制度」蔡昉編『中国労働与社会保障体制改革30年研究』経済管理出版社、431-447頁.

趙暁峰・林輝煌、2010、「富人治村的社会吸納機制及其政治排斥功能」『中共寧波市委党校学報』2010年第4期、33-41頁.

周飛舟、2006、「従汲取型政権到"懸浮型"政権：税費改革対国家与農民関係之影響」『社会学研究』第21巻、1-38頁.

周祝平、2008、「中国農村人口空心化及其挑戦」『人口研究』第32巻第2期、45-52頁.

中華人民共和国国家統計局、2011、「中国2010年人口普査資料」、2017年11月17日、http://www.stats.gov.cn/tjsj/pcsj/rkpc/6rp/indexch.htm よりダウンロード.

中華人民共和国国家統計局、2010－2020、『中国統計年鑑』中国統計出版社.

中華人民共和国農業農村部、2010－2018、『中国農村経営管理統計年報』中国農業出版社.

中国共産党中央紀律検査委員会・中華人民共和国国家監察委員会、2021、「党的十八大以来中央紀委立案審査調査中管幹部453人」、2022年10月11日、https://www.ccdi.gov.cn/yaowen/202106/t20210628_244978.html よりダウンロード.

# 索引

## 【ア行】



## 【カ行】



## 【サ行】

【タ行】



【ナ行】



【ハ行】



【マ行】



【ヤ行】



【ラ行】

《著者紹介》
金 湛（JIN Zhan／きん・じん）
愛知大学現代中国学部教授、同大学院中国研究科教授。経済学博士。1973年中国北京市生まれ。愛知大学現代中国学部准教授を経て、2020年より現職。
著書に『中国の経済発展と格差―産業構造および地域特性に基づく研究』（晃洋書房、2008)、『経済成長のダイナミズムと地域格差―内モンゴル自治区の産業構造の変化と社会変動』（分担執筆、晃洋書房、2013)、“New Frontiers of Policy Evaluation in Regional Science”（分担執筆、Springer Nature Singapore Pte Ltd. 2022)、『不確実性の世界と現代中国』（分担執筆、日本評論社、2022)。

三農問題の社会構造―中国中南部農村の開発と制度

2024年9月20日／第1版第1刷発行

著　者　金 湛
発行所　株式会社日本評論社
〒170-8474 東京都豊島区南大塚3-12-4
電話 03-3987-8621［販売］
03-3987-8601［編集］
https://www.nippyo.co.jp/
印刷所　精文堂印刷株式会社
製本所　株式会社松岳社
装　幀　菊地幸子


ISBN 978-4-535-54095-8